KB000585

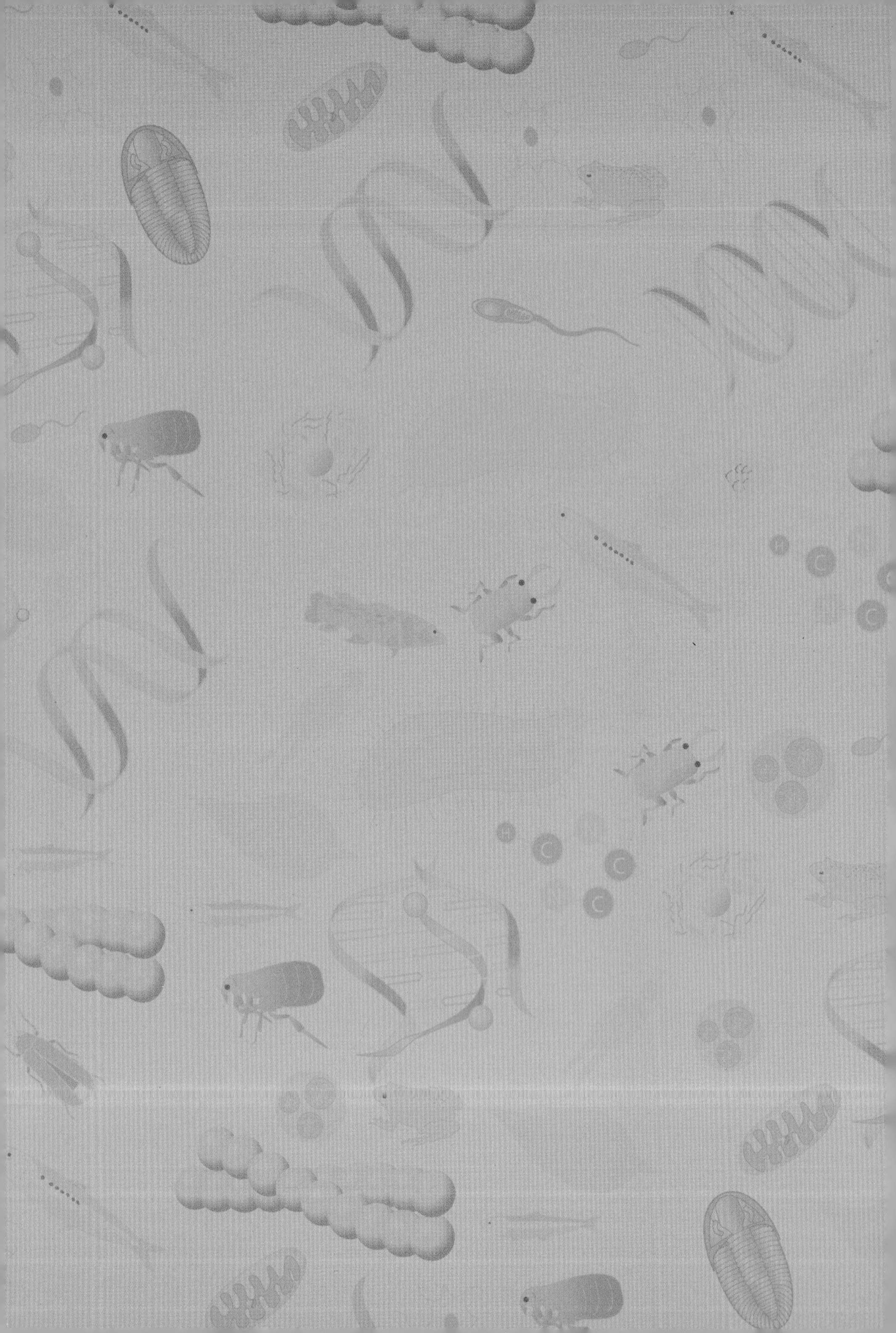

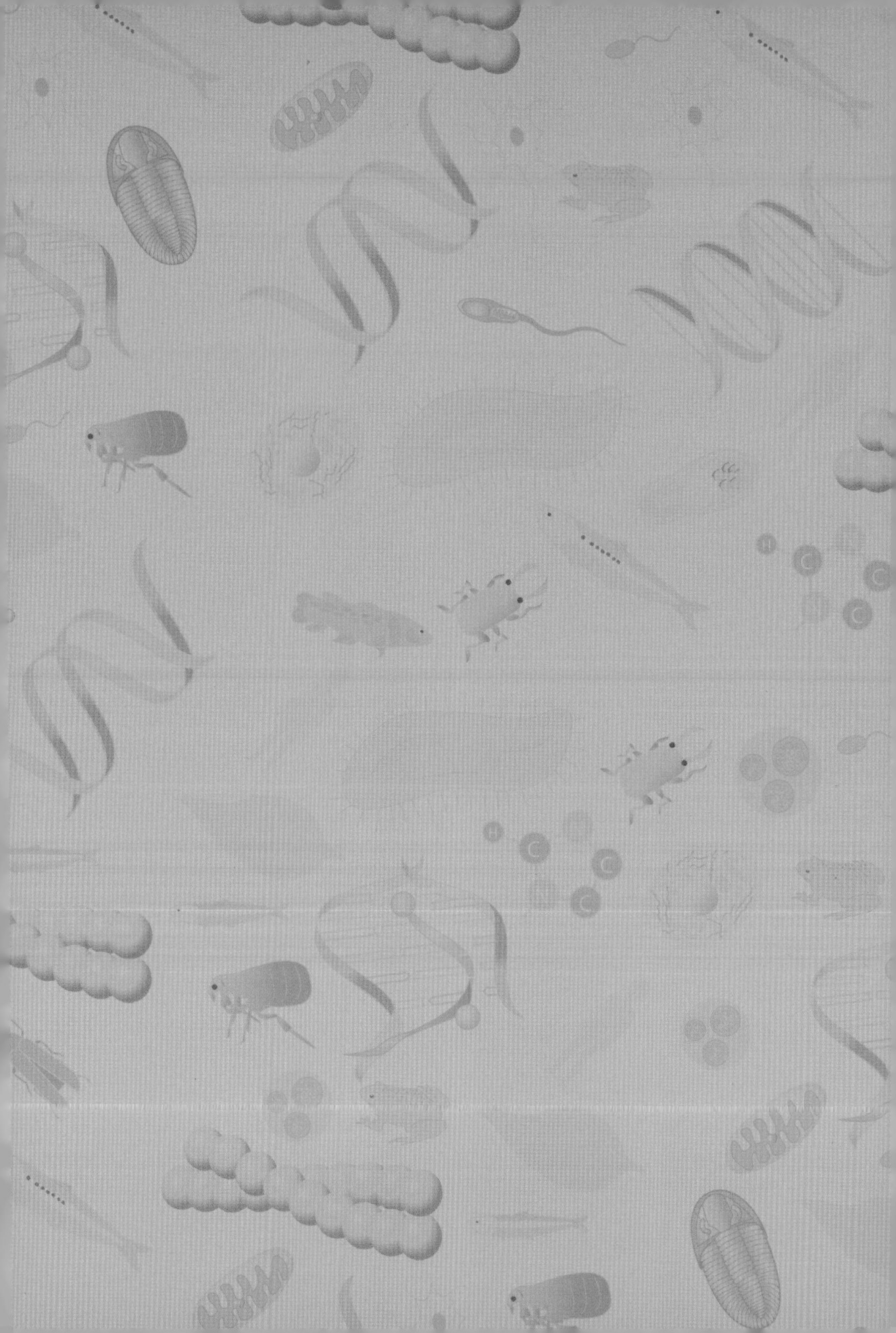

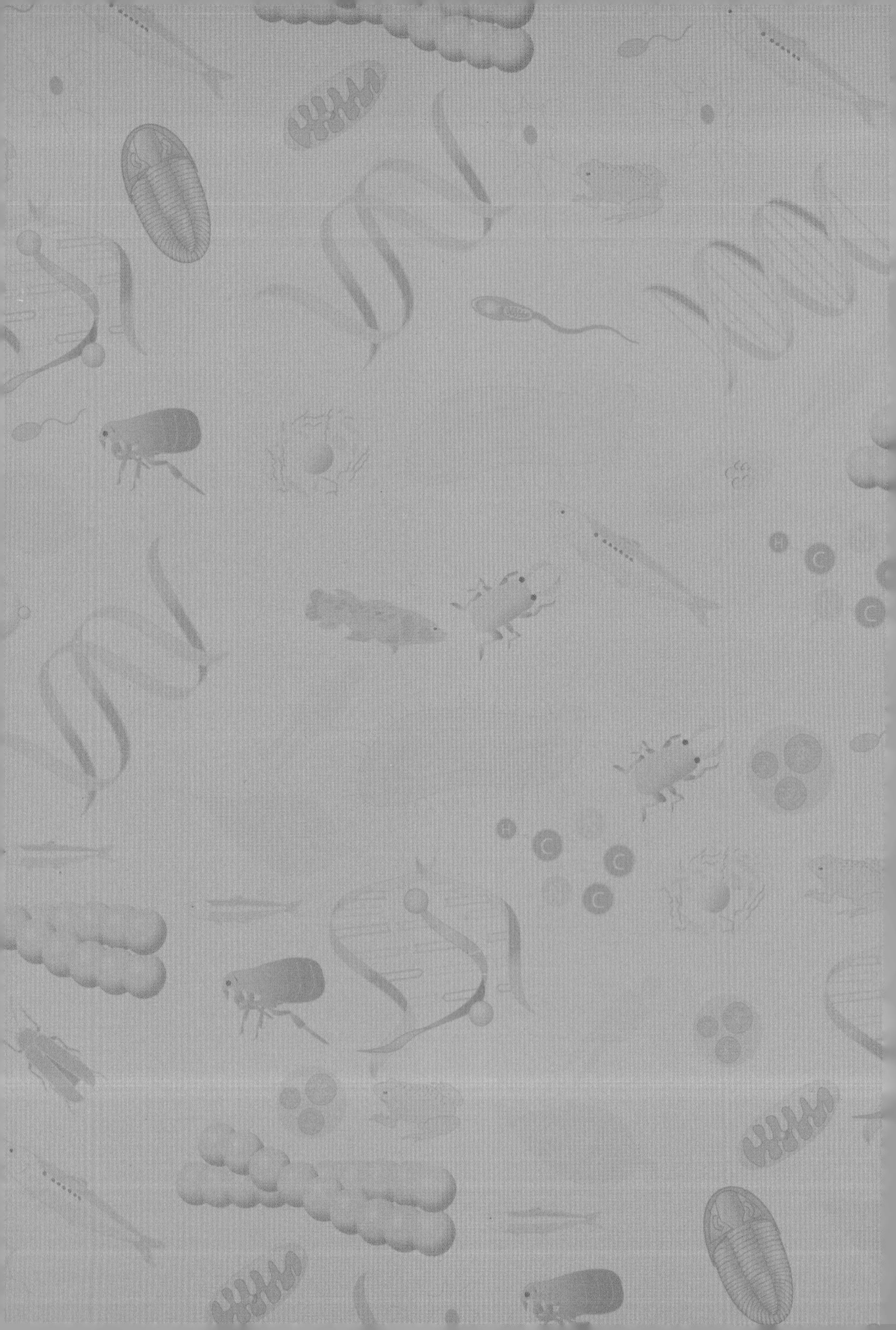

꿈틀꿈틀 살아 움직이는

생물

SEIBUTSUGAKU CHO NYUMON
Copyright © MASAMICHI OISHI 2002
Originally published in Japan in 2002 by
NIPPON JITSUGYO PUBLISHING CO.,LTD.
Korean translation rights arranged
through TOHAN CORPORATION, TOKYO and PLS, SEOUL.

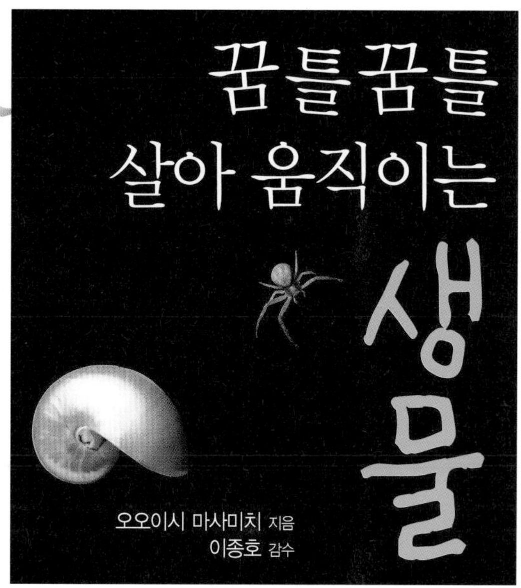

삼양미디어

우리와 함께 살아 숨쉬는 생물학 이야기

생물학은 화학, 물리 등 다른 자연과학 학문과 비교해 볼 때 진보가 훨씬 빠른 학문이다. 이 책을 집필하고 있는 가운데에도 잇따라 새로운 발견이 있었고, 그 연구 성과에 기초하여 원고를 쓰려고 하면 또다시 새로운 발견이 이어지곤 했다. 독자들 역시 신문이나 뉴스를 통해 이런 생물학상의 발견을 보고 듣는 기회가 많았을 것이다. 그러면서 느끼게 되는 것이 학창 시절 생물 시간에 배운 지식과 현재 듣고 있는 최첨단의 지식이 좀처럼 연결되지 않는 것을 느꼈을 것이다.

이 책에서는 생물학의 기초를 다시 배우면서, 그에 따라 새로운 지식도 이해할 수 있도록 하는 데 그 목표를 두었다. 그런데 이같이 새로운 발견이 잇따르다 보니 수년이면 생물학의 거의 대부분이 해명되리라 생각할지 모르지만 그것은 좀 시간이 걸리는 일로 생물학의 전체상이 밝혀지기까지는 아직 몇십 년이 걸릴지 모르는 일이다.

필자가 일하는 연구실에서만 해도 사람의 병과 연관된 단백질을 총망라해서 조사하고 있는데 그 결과 빈번하게 새로운 단백질이 발견되곤 한다. 하지만 대부분의 경우 그 역할에 대해서 전혀 알 수가 없다. 우리 몸속에 이렇게 많은 단백질이 들어 있는데도 그것에 대해 아무것도 모르고 있다는 것을 생각하면 생물학자로서의 미숙함을 여실히 느끼고 있다.

독자 여러분께서는 현재 생물학에서 어떤 발견을 이루었는지 뿐만 아니라 생물학의 사고 방식도 알아 주었으면 한다.

오오이시 마사미치

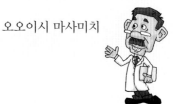

다양한 생물의 세계를 풍성한 그림과 해설로 체험한다

어린 시절 파브르는 어디선가 들려오는 아름다운 소리에 이끌려 어두운 숲속을 거닐다가 작은 풀벌레가 그 아름다운 소리의 주인공이라는 것을 알아냈다. 이때의 경험은 파브르의 기억 속에 깊이 자리 잡았고, 그 결과 유명한 『곤충기』가 만들어졌다.

파브르처럼 하지는 않았더라도, 누구나 한 번쯤은 깊은 밤에 들려오는 풀벌레 소리에 매혹돼 귀를 기울이며 자연의 아름다움에 숨을 죽인 적이 있을 것이다.

우리는 흔히 '생물' 이라는 과목을 점수를 따기 위해 무조건 외우는 과목이라고 생각해 왔고, 그런 연유로 생물책에 나오는 동물과 식물은 우리 주변에 있는 동물과 식물이 아닌 것이 되고 말았다.

하지만 우리가 자연을 벗어나 살아갈 수 없듯이, 생물에 대한 '지식' 이 없다면 살아갈 수 없다. 세계적으로 인정받는 우리의 김치는 대표적인 발효식품이다. 그런데 이 발효란 것은 생명이 없으면 불가능한 것이다. 또 암을 막아 준다고 해서 많이 찾는 된장이나 청국장은 곰팡이를 이용해 만드는 것이다. 페니실린 역시 곰팡이를 연구해서 만들었다는 것은 누구나 아는 유명한 이야기이다. 이렇듯 우리의 생활은 생물에 대한 '지식' 으로 인해 풍요로워지고 편리해진다.

이 책은 자칫 암기과목으로 생각하기 쉬운 '생물' 을 우리 생활 속으로 끌어들이고 있다. 왜 소화를 하는지, 왜 숨을 쉬는지 등 쉽게 접근할 수 있는 의문들을 바탕으로 생물의 원리를 설명하고 있고, 복제나 유전자 조작, DNA가 어떻게 연관되는지 그 흐름을 잘 이해할 수 있도록 친절하게 설명하고 있다. 그렇기 때문에 이 책은 생물 교과서의 내용을 충실히 담으면서도 지루하거나 딱딱하지 않을 뿐만 아니라, 다양한 생물 분야를 풍성한 이미지로 생물 세계를 체험할 수 있게 했다.

여기에 나오는 유전자 치료, 복제, 진화론 등으로 이어지는 생물 이야기를 읽다 보면 '아, 생물이라는 분야가 이렇게 우리와 밀접하게 연관되어 있구나' 하면서 절로 감탄을 하게 될 것이다.

이 책을 통해 독자들이 생물학을 우리 실생활과 밀접한 학문으로 생각할 수 있게 된다면 과학자의 한 사람으로서 대단한 기쁨이 될 것이다.

'생명이 있는 것은 다 아름답다' 고 했다. 이 책이 여러분들이 그 아름다움을 발견하는 길로 안내해 줄 것이라고 확실히 믿는다.

이종호

Contents

Preface / 감수글

Chapter 1 이런 것도 생물학인가?

Chapter 2 생물은 세포에서 시작된다

Chapter 3 생물은 진화한다

생명을 유지하는 몸의 역할

Chapter 5 마음과 몸은 이어져 있다

Contents

Contents

Chapter 7 몸은 어떻게 해서 생기는가?

Chapter 8 의료 현장에서 활약하는 생물학

프/롤/로/그

재미있고 유익한 생물학 이야기

생물학이란 어떤 학문인가?

생물학은 '과학적 입장에서 나를 알기 위한 학문'이다. 즉 '나는 어떻게 해서 태어났는가?', '눈은 왜 보이는가?', '인간은 왜 두 발로 걷는가?', '왜 감기에 걸리는가?', '우리 선조는 원숭이인가?' 등등 자신에 대한 의문에 이론적으로 답할 수 있는 것이 생물학의 매력이라고 할 수 있다.

또한 생물학은 자연계의 여러 생물에 대해서도 가르쳐 준다.

'물새에게 있는 물갈퀴는 왜 다른 새에게는 없을까?', '한 마리에서는 성립되었던 법칙이 왜 집단에서는 성립되지 않는 것일까?',

'생태계 파괴는 정말로 진행되고 있는가?', '지구온난화에 의해 생물들은 어떤 영향을 받는가?' 등등 많은 의문점들을 해소시켜 준다.

생물이란 도대체 무엇인가?

'생물이란 무엇인가' 라는 질문을 받으면 우리는 어떻게 대답할 것인가? 이 질문이 어렵다면 먼저 '생물과 무생물의 차이' 를 알아보자.

우선 생물의 특징을 몇 가지 들어 보자.

우리 인간은 물론 생물의 일원이다. 암석이나 광물은 무생물이다. 따라서 인간과 암석의 차이를 떠올려 본다면 생물과 무생물의 차이는 명백해질 것이다.

생물의 특징

- 움직인다.
- 먹는다.
- 호흡한다.
- 에너지대사나 물질대사를 한다.
- 성장한다.
- 자손을 늘린다.

무생물의 특징

- 움직이지 않는다.
- 먹지 않는다.
- 호흡하지 않는다.
- 대사는 하지 않는다.
- 성장하지 않는다.
- 자손을 늘리지 않는다.

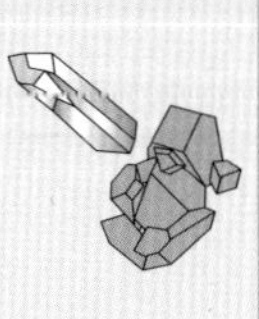

그런데 이런 생물의 특징에는 대개 예외가 있다. 예를 들면 식물은 보통 스스로 움직이지 않으며 음식물도 먹지 않는다. 또 휴면 중의 식물 종자는 호흡을 멈추며 대사도 하지 않는다. 성장도 하지 않고, 그 상태로는 자손을 늘릴 수도 없다.

그럼 '살아 있는 것'과 '죽은 것'의 차이는 무엇일까?

지금 식탁에 생선찜과 양상추 샐러드, 쇠고기 그리고 콩이 있다고 가정해 보자.

생선찜은 누구나 죽은 것으로 인정한다.

하지만 야채는 어떨까? 비록 뿌리나 줄기 없이 잎만 남았다 하더라도, 물을 빨아들여 푸릇푸릇하다면 대부분의 사람은 살아 있다고 느끼지 않을까?

하지만 같은 '신선한 것이다'라고 하더라도 쇠고기 한 조각은 도저히 살아 있다고 생각할 수 없다.

그럼 쇠고기는 언제 죽었을까? 만약 쇠고기에 전기쇼크를 줬는데 움직인다면 아직 살아 있다고 할 수 있다. 하지만 움직이지 않는다 하더라도 개개의 세포는 아직 살아 있을지도 모르기 때문에 언제 죽었냐는 질문에는 확실히 대답할 수 없을 것이다.

더 어려운 것은 콩이다. 그 콩을 밭에 심어서 싹이 나면 살아나게 되는데, 싹이 나지 않을 경우에는 이미 죽은 건지도 모른다.

이와 같이 '살아 있다'는 것을 정의하기는 아주 어려운 일이다.

몸길이 1밀리미터 정도의 곰벌레라는 작은 벌레는 건조시키거나 100도가 넘는 고온이나 영하 260도의 초저온, 혹은 진공에 가까운 상태에서 방치해 두어도, 온도와 습도가 적당해지면 다시 살아나서 움직이기 시작한다. 이렇게 되면 살아 있는 것인지 죽은 것인지 간단하게 말하기가 어려워진다.

이렇듯 '살아 있다는 것은 어떤 것인가?'라는 테마를 연구하는 학문이 바로 생물학이다.

최근에 '바이오'라는 말이 자주 등장한다

생물학은 영어로 말하면 Biology(바이올로지)이므로, 바이오라 하면 원래는 생물학을 칭했다. 하지만 최근에는 바이오테크놀로지(생명공학)나 바이오비즈니스처럼, 테크놀로지라는 의미를 담아 사용하는 경우가 많다.

예전에는 생물학자라고 하면 동식물명을 곧바로 알려주는 '척척박사'라는 이미지가 강했다. 왜냐하면 옛날에는 곤충 잡던 소년이 그대로 전공의 길을 걸어 '곤충박사'가 되거나, 화초를 관찰하는 것을 좋아해서 식물분류학의 대가가 된 학자 등이 많았기 때문이다. 즉, 처음부터 생물이 좋아서 생물학자가 된 사람이 꽤 많다.

그런데 생물학의 각 분야가 전문화되고 연구

내용이 세분화되면서 전문성이 강한 생물학자가 늘어나기 시작했다. 바이오테크놀로지도 그중의 하나다.

하지만 연구자가 전문화되는 흐름은 또다시 변화되고 있는 추세다. 유전자나 게놈이라는 공통단위의 연구가 진행된 덕분에 일단 세분화된 전문 분야가 다시 통합되려는 경향을 보이고 있다. 또한 기초생물학 지식이 의학이나 농학 등, 우리 생활에 직접 관계하는 응용 분야에 도움이 된다는 사실을 알고부터는 기초와 응용의 구별에 큰 의미를 두지 않게 되었다.

더욱이 새로운 기초생물학 지식이 새로운 바이오 기술을 낳았고, 그것을 사용하지 않으면 더 새로운 지식을 구할 수가 없게 되었다.

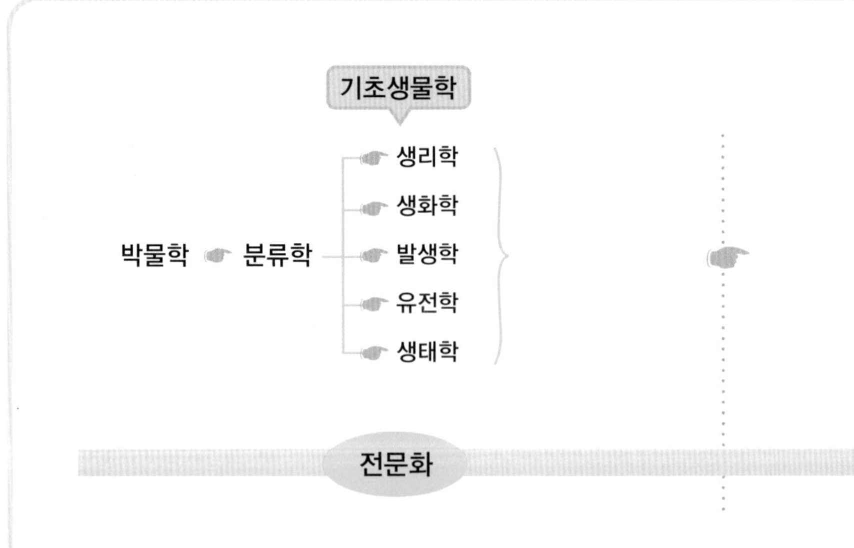

이렇게 하여 기초생물학은 생물공학(바이오테크놀로지)과 밀접한 관계를 이루게 되었다.

인간을 포함한 여러 생물 종들의 전체 유전자배열(게놈배열)이 밝혀지자, 식물에도 인간의 병과 관계 있는 유전자가 있다는 것과, 사람의 유전자 수는 파리의 약 2배밖에 안 된다는 것이 알려졌다. 그렇기 때문에 지금까지 인간에 관해서만 연구했던 생물학자도 다른 생물에 대해서 모른다면 더 이상 연구를 진행시킬 수 없게 되었다.

이제 생물학은 다른 학문과 통합되어 더욱더 종합적인 학문으로 발전해 나갈 것이다.

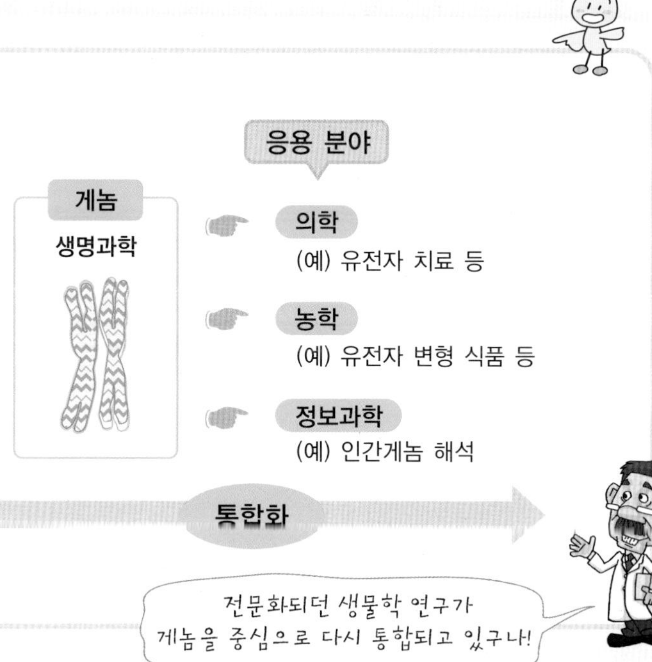

생물학은 어디에 도움이 되는가?

'생물학의 진보가 아무리 빠르더라도 우리 생활과는 상관없다' 고 생각하는 사람도 있을 것이다. 실제로 우리는 복제 양을 직접 볼 기회도 거의 없을 뿐더러, 유전자 변형 작물을 눈으로 식별할 수도 없

다. 하지만 우리 주변에서는 이미 최신 생물학의 지식을 기초로 한 기술이 이용되고 있다.

예를 들면 요즈음에는 꽃가게에서 파란 카네이션을 볼 수 있다. 원래 카네이션은 푸른 색소를 가지고 있지 않기 때문에, 재배 조건을 여러 가지로 바꾸거나 서로 다른 품종을 교배시키더라도 푸른색 꽃은 피지 않는다. 하지만 유전자 변형 기술을 이용하여 카네이션에 피튜니아의 청색 유전자를 넣으면 파란색 카네이션을 만들 수 있다.

유전자 변형 식품은 그 위험성을 의심받아 아직 환영받고 있지는 못하지만, 음식물 이외의 작물에서는 유전자 변형 연구가 활발하게 이루어지고 있다. 이미 파란 장미나 국화가 만들어져 꽃가게 진열대가 화려해지고 있다.

또한 생물학 지식은 의학에도 응용되고 있다. 예를 들면 매년 많은 병에 대해 새로운 유형의 약이 등장하고 있다. 생물학 지식에 의해 질병이 어떻게 해서 발병하는지 밝혀지면서 여러 가지 치료약이 개발되기 때문이다.

항우울증 치료약이나, 항암제, 항알레르기약 등은 생물학의 새로운 발견에 의해 신약이 개발되어 해마다 진보하고 있다. 그 외에도 편의점에서 팔고 있는 갖가지 건강 보조식품 등 우리가 평소에 별로 신경도 쓰지 않는 분야에서도 생물학 지식이 많이 활용되고 있다.

앞으로는 우리 생활에 생물학의 지식이 더욱더 필요해질 것이다.

음식을 고를 때나 치료 방법을 선택할 때, 생물학이 최적의 답을 알려줄 지도 모르는 일이다.

생물학은 무엇을 가르쳐 주는가?

생물의 몸은 아주 복잡해서 50여 년 전까지는, 생물을 물질로 받아들일 수가 없었다. 그런데 유전자 본체가 DNA이며, 유전 암호는 겨우 4종류의 염기가 어떻게 배열되는가에 따라 결정된다는 것을 알아내면서 생물학 연구는 급속히 발전했다. 그때까지 설명할 수 없었던 생명 현상을 논리적으로 설명할 수 있게 된 것이다.

하지만 포스트게놈 시대인 지금도, 단 1개의 세포도 인공적으로 만드는 것이 불가능하다. 그만큼 세포는 복잡하다.

예를 들면 체내에서 단백질은 갖가지 생명 현상을 만들어 내는데, 그러기 위해서는 많은 단백질이 잘 조합되어 있지 않으면 안 된다. 하지만 지금은 겨우, 하나하나의 단백질을 부품으로 카탈로그에 등록하고 있는 단계라서 그 부품을 조립하는 방법까지는 밝혀지지 않고 있다.

건축자재 카탈로그에 실린 못이나 나사, 목재나 유리 등의 부품을 보는 것만으로는 그 부품들이 어떤 식으로 조립돼서 훌륭한 집이 되는지 알 수 없다. 생물학도 마찬가지로 단백질의 종류를 아는 것만으로는 생명 현상을 이해할 수 없다.

그렇기 때문에 생물학에는 연구해야 할 주제가 아직도 무궁무진하다. 바로 그곳에 생물학의 발전 가능성이 있다.

이런 것도 생물학인가?

"생물학자는 개구리를 해부하거나 달걀을 관찰하는 따위의 일을 하는 사람 아닌가?"

우리는 생물학자 하면 흔히 '개구리를 해부하거나 달걀을 관찰하는 따위의 일을 하는 사람'이라고 생각을 하는데 이건 순전히 생물 시간에 그렇게 배웠기 때문이다. 물론 전혀 틀린 건 아니지만 생물학의 연구 영역은 훨씬 더 넓다. 게다가 같은 '생물'을 다루는 연구라도 그 접근법은 여러 가지이다. 또한 기존에 알고 있던 생물학 지식은 날마다 변하고 있어, 기존에 맞다고 여기던 것들이 아닌 것으로 새롭게 변하는 경우도 있다. 계속해서 새로운 연구 결과가 나오고 우리가 알고 있던 진실이 달라지는 것이다.
이번 장에서는 생물학의 가장 기초적인 개념을 정리하고 있다. 지금까지 알고 있던 지식들이 어떻게 바뀌었는지 알게 될 것이다.

01

수학? 철학? 사실은 모두 생물학이다

생 명 의 기 본 단 위

유전학에서는 A나 a 등의 알파벳을 이용하여 마치 수학처럼 이론식을 세워서 계산하는 경우가 있다. 또 생물통계학에서는 어떤 생물학의 사항을 증명하기 위해서 확률이나 통계 기법을 이용한다. 한편 진화학 연구는 철학적인 성격이 강한데, 일상 속에서 진화를 직접 관찰하기가 어렵기 때문이다. 하지만 얼핏 보기에 성질이 다른 이들 학문은 생물을 대상으로 하고 있는 이상은 모두 생물학에 속한다. 따라서 같은 생물을 다루는 연구자들끼리도 전혀 이야기가 통하지 않을 수 있다. 예를 들면 초파리라는 작은 파리를 연구하고 있는 연구자라도 유전학을 연구하는 사람과 생리학을 연구하는 사람은 관심 분야가 전혀 다르며, 대화도 거의 이루어지지 않는다. 그래도 두 사람 다 같은 초파리 연구자로서 한데 묶여 버리는 것이다.

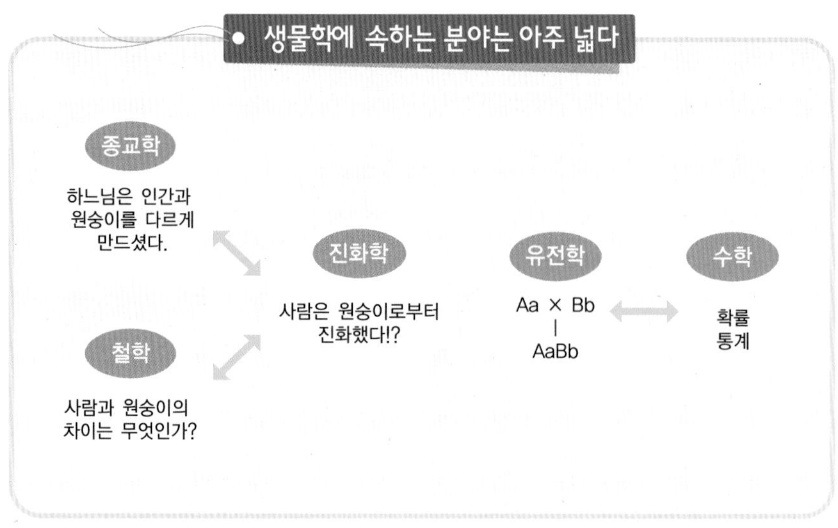
생물학에 속하는 분야는 아주 넓다
종교학
하느님은 인간과 원숭이를 다르게 만드셨다.
철학
사람과 원숭이의 차이는 무엇인가?
진화학
사람은 원숭이로부터 진화했다!?
유전학
Aa × Bb
AaBb
수학
확률
통계

사실 생물학의 진보에 따라 동물과 식물의 경계가 애매해지고 있다.

예를 들면 유글레나라는 원생동물은 어떤 때는 엽록체를 가지고 광합성을 해서 스스로 유기물을 합성하기 때문에 식물에 속한다. 하지만 주위 환경 조건이 변하여 충분히 빛을 받지 못하거나 광합성을 하지 않아도 영양분이 풍족하면 엽록체를 버리고 마치 동물처럼 먹이를 먹으며 생활한다.

또한 동물과 식물을 포함한 갖가지 생물의 게놈을 비교하는 비교게놈학과 같은 학문도 등장했다. 이러한 학문을 하고 있는 연구자는 동물학회와

동물과 식물이라는 분류법에도 한계가 있군요.

미국이 '동물학회'를 '통합생물학회'로 바꿔 부른 데에는 이런 배경이 있는 거야.

식물학회 양쪽 모두에 소속될 수 있을까?

이와 같이 동물과 식물의 구별이 힘들어지고 있기 때문에, 미국에서는 '동물학회' 라는 명칭 대신 현재는 '통합생물학회' 라는 이름을 사용하고 있다.

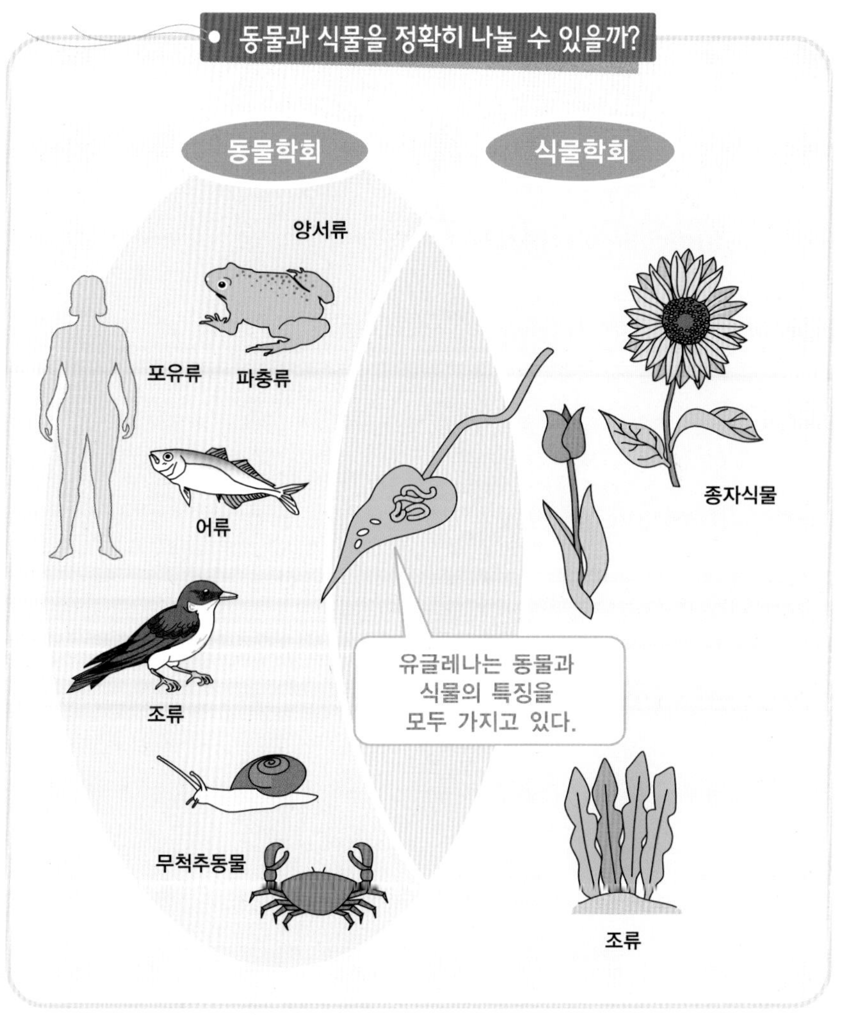

02

생물은 엉성하게 생긴 것 자체가 자랑거리

몸의 일부에 이상이 생겨도 죽지 않는 이유

최근 생물학 지식이 엄청나게 늘어나 컴퓨터의 힘을 빌리지 않으면 곤란할 정도가 되었다. 이로 인해 생물학과 정보과학이 결합한 바이오인포매틱스(생물정보과학)라는 학문이 탄생했다. 최근에는 컴퓨터에 관련된 사람이 생물학에 종사하는 경우도 많아졌다.

그런데 컴퓨터를 다루는 사람 중에는 생물학에 비판적인 사람들이 꽤 있다. 그들은 '생물학은 왜 이렇게 엉성한가? 어떤 연구자가 어떤 설을 주장하면 다른 연구자는 전혀 다른 반대 의견을 낸다. 또한 생물학 상식은 매년 바뀌어 버린다' 는 의견을 내놓는다. 정말로 자연과학 분야 중에서 생물학만큼 엉성하게 보이는 학문은 없을지도 모른다. 실제로 생물의 몸은 아주 복잡해, 어떤 호르몬은 농도 차이로 전혀 반대의 반응을 일으키는 경우도 있기 때문이다.

하지만 생물의 몸이 엉성한 데는 이유가 있다. 예를 들어 기계식 시계를 상상해 보자. 수많은 톱니바퀴 중 하나라도 흠이 나면 시계는 움직이지 않게 된다. 하지만 그 부품만 교체하면 아무 일도 없었던 것처럼 정확하게 시간을 알려 준다.

그러나 생물의 몸은 일부에 이상이 생기더라도 기계의 부품을 교체하듯이 그 부분을 교체할 수 없다. 그래서 어디 한군데 이상이 생기더라도 다른 부분이 그것을 대신하여, 다소 상태는 좋지 않더라도 생명을 유지할 수 있는 신체 구조를 갖추고 있는 것이다.

혈청알부민을 예로 들어 보자. 혈청알부민은 단백질의 일종인데, 우리 혈액 중에 대량으로 포함되어 있다. 이 혈청알부민 유전자를 제거하여 혈청알부민을 전혀 만들 수 없는 쥐를 만들면 어떻게 될까?

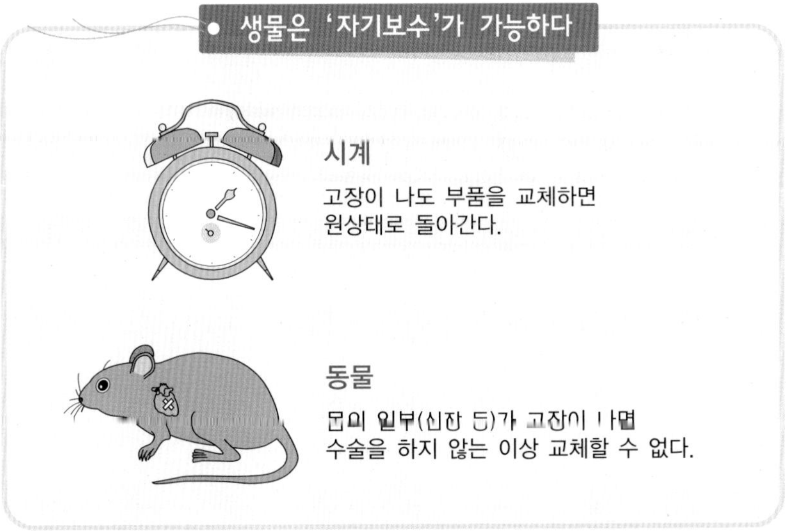

● 생물은 '자기보수'가 가능하다

시계

고장이 나도 부품을 교체하면
원상태로 돌아간다.

동물

몸의 일부(신장 등)가 고장이 나면
수술을 하지 않는 이상 교체할 수 없다.

그래서 생물에서는 A라는 부품이 고장 나도 다른 B라는 부품이 A의 역할을 대신하는 일이 있다.

태어나기 전에 부작용이 생겨서 죽어 버리거나, 비록 태어나더라도 틀림없이 몸에 이상이 나타날 것이라고 예상할 것이다. 실제로 이런 예상 하에 혈청알부민이 없는 쥐를 만드는 연구가 행해졌다. 그런데 예상과는 달리 그 쥐는 건강했다. 혈청알부민의 역할을 면역글로불린과 같은 다른 단백질이 대신했기 때문에 이상이 나타나지 않은 것이다.

이와 같이 우리 몸은 어느 부분에 이상이 생기더라도 다른 부분이 그 역할을 대신할 수 있도록 교묘하게 만들어져 있다.

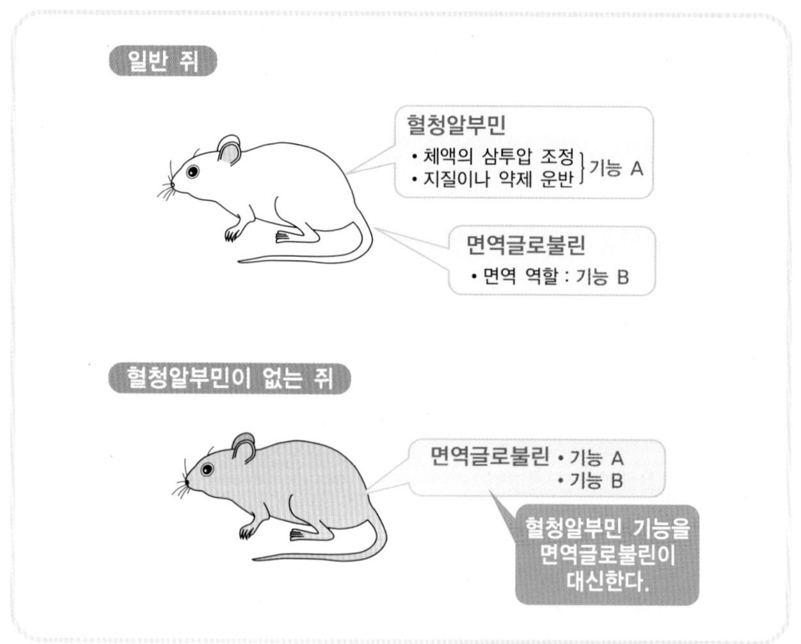

03

생물학은 외우는 것만으로는 의미가 없다

탐 구 활 동 의 이 치

생물학에서는 갖가지 용어가 등장하기 때문에 뭐든지 책에 나오는 대로 알고 있으면 된다고 생각하는 사람이 있다. 하지만 생물학의 상식은 물리학이나 화학에 비해 자주 바뀐다. 예를 들면 사람의 유전자 수는 최근까지 약 10만 개라고 생각됐다. 하지만 인간게놈 해석이

● 생물학의 상식은 시대와 더불어 변해간다

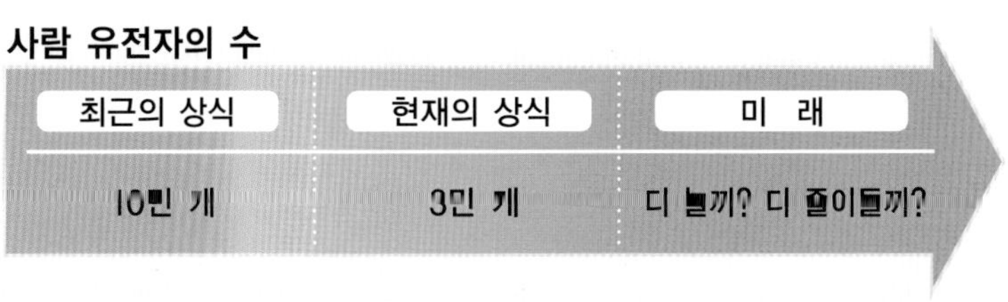

사람 유전자의 수

최근의 상식	현재의 상식	미 래
10만 개	3만 개	더 늘까? 더 줄어들까?

진행된 결과, 3만 개에 불과하다는 사실이 밝혀졌다. 게다가 이 수는 파리 유전자의 2배밖에 되지 않으며, 옥수수와 거의 비슷하다고 한다. 이런 예는 얼마든지 나올 수 있기 때문에 지금까지 알고 있던 지식이 언제든지 바뀔 수 있다는 사실을 염두에 두어야 한다.

지금의 상식이 언제라도 뒤집힐 수 있다면 생물학 지식은 알아 둬봤자 아무런 이득이 없는 것은 아닐까? 하지만 이런 생각은 중대한 사실을 놓치고 있는 것이다. 생물학 탐구의 이치는 시대가 변해도 거의 바뀌지 않는다. 즉, 우선 '뭔가를 조사하고 싶다'는 '연구 목적'

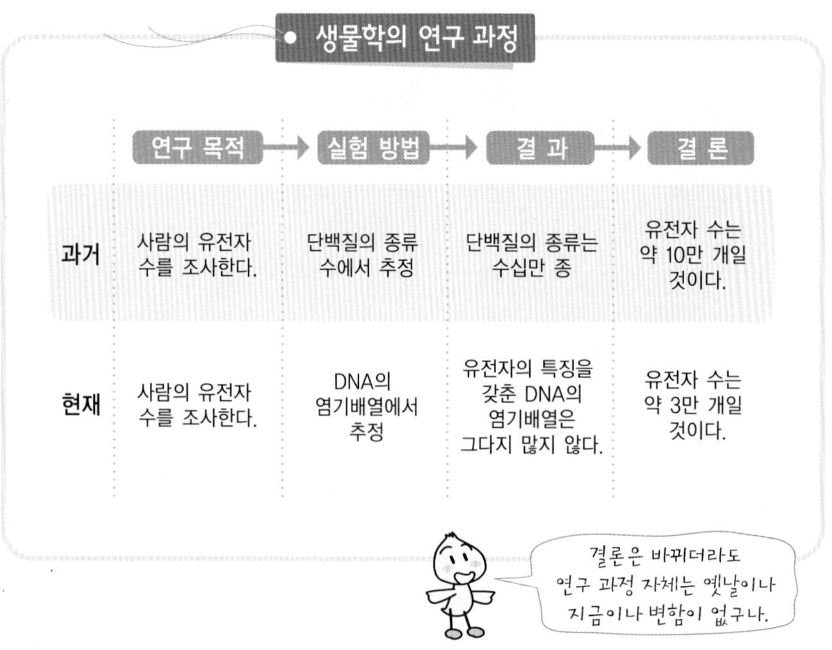
생물학의 연구 과정

	연구 목적	실험 방법	결 과	결 론
과거	사람의 유전자 수를 조사한다.	단백질의 종류 수에서 추정	단백질의 종류는 수십만 종	유전자 수는 약 10만 개일 것이다.
현재	사람의 유전자 수를 조사한다.	DNA의 염기배열에서 추정	유전자의 특징을 갖춘 DNA의 염기배열은 그다지 많지 않다.	유전자 수는 약 3만 개일 것이다.

결론은 바뀌더라도
연구 과정 자체는 옛날이나
지금이나 변함이 없구나.

이 있고, 그것을 조사하기 위한 '실험 방법', 그 실험을 한 '결과', 그리고 마지막으로 그 결과에서 얻을 수 있는 '결론' 이 있다.

생물학 지식을 외울 때는 자칫하면 '결론' 에만 신경 쓰기 쉽다. 하지만 그 연구가 행해진 배경, 특히 '그 결론은 어떤 방법을 이용해서 얻어진 결과' 인지를 아는 것이 더 중요하다.

● 생물학에서 중요한 것
① 어떤 방법으로 실험을 했는가?
② 어떤 실험 결과를 토대로 결론을 냈는가?
지식이나 결론만 우선시되기 쉽지만 더 관심을 가져야 할 것은 바로 이것!

예를 들어 사람의 유전자가 약 10만 개라고 생각됐던 시대에는 인간게놈의 모든 염기배열이 조사되지 않았었다. 그렇기 때문에 유전자에서 만들어지는 단백질의 종류를 토대로 약 10만 개라고 추측했었다. 그런데 최근의 연구에서 모든 염기배열을 알아내어, 유전자의 특징적인 배열을 구분하는 컴퓨터 프로그램을 사용해서 얻어진 숫자

가 약 3만 개라는 것이 밝혀졌다.

이와 같이 어떤 방법을 사용해서 해석되었는지를 안다면, 10만보다 3만 개 쪽이 더 정확하다는 추측을 할 수 있다. 만약 현재의 컴퓨터 프로그램에서 발견되지 않는 유전자가 있다면, 앞으로 유전자 수는 더 늘어날 것이다.

이와 같이 생물학에서는 아직 정립되지 않은 사실이 많은데, 그 연구 방법과 결과를 토대로 그것이 올바른지 아닌지 판단할 수가 있다.

04

종의 개념이 흔들리고 있다

형태가 중요한가, 아니면 유전자가 중요한가?

지구상에 서식하는 생물 종은 400만 종에서 4,000만 종 정도라고 하는데, 정확한 숫자는 아무도 모른다. 지금도 남미의 아마존이나 아프리카의 정글 등지에서 새로운 생물 종이 끊임없이 발견되고 있기 때문이다.

각각의 생물 종에는 한국에서만 통용되는 '한국 이름'과, 세계 공용의 이름, 즉 '학명'이 붙어 있다. 예를 들면 우리 '인간'에 대해서는 한국 이름으로는 '사람'이라고 쓰고, 학명으로는 '호모 사피엔스(Homo sapiens)'라고 쓴다. 학명은 18세기에 스웨덴의 박물학자 린네(Carl Von Linne, 1707~1778)가 만들어 낸 이명법二名法을 따르고 있다. 이명법에서는 종명과 속명을 라틴어로 표기하고 처음 작명자의 이름을 첨부한다. 따라서 사람의 학명을 정확하게는 호모 사피엔스 린네(Homo sapiens Linne)가 된다. 예전에 분류학자들은 자신의 이름을 학명 속에 남기기 위해서 신종을 발견해서 논문에 발표하는 일에 아주 열심이었다.

진화라는 인식이 없었던 린네의 시대에는 생물의 형태를 토대로 학명이 붙여졌다. 하지만 그 후에 암수의 형태가 다른 경우가 발견되거나, 유생과 성체를 다른 학명으로 부른 것을 알아내는 등 많은 개체를 기초로 하여 조사할 필요성이 생겼다. 그래서 발생학적으로 조사하거나 아주 닮은 종류를 같은 그룹으로 묶거나 하는 계통분류학이 발전했다.

하지만 유전자의 본체인 DNA의 염기배열을 비교적 손쉽게 조사할 수 있게 되자, 또다시 의외의 사실이 드러났다.

민달팽이와 달팽이의 예를 들어 보자. 종래에는 형태의 차이를 기준으로 민달팽이 그룹과 달팽이 그룹으로 크게 나눴다. 그런데 DNA를 조사해 보니, a종 민달팽이는 b종 민달팽이보다도 A종 달팽이와 더 가까웠다.

형태로 분류할 것인가, DNA로 분류할 것인가?

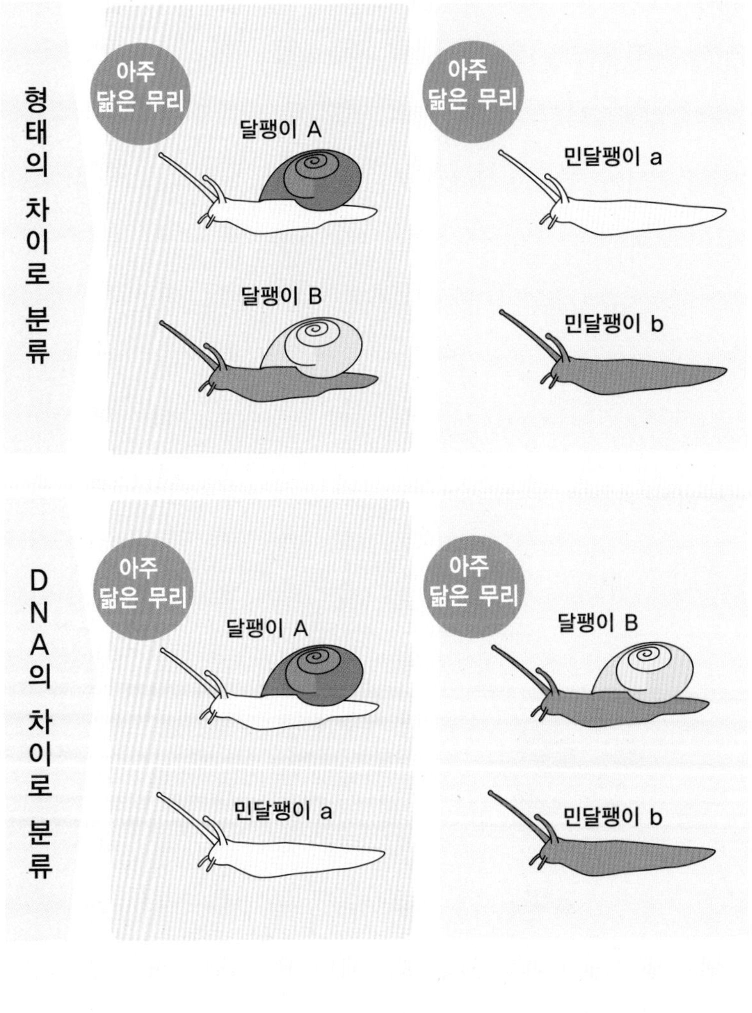

형태의 차이로 분류

아주 닮은 무리

달팽이 A

달팽이 B

아주 닮은 무리

민달팽이 a

민달팽이 b

DNA의 차이로 분류

아주 닮은 무리

달팽이 A

민달팽이 a

아주 닮은 무리

달팽이 B

민달팽이 b

기존에는, 달팽이 껍데기가 벗겨지면서 현존하는 모든 민달팽이의 선조가 발생했다고 생각했었다. 하지만 DNA 조사 결과에 따르면 A종의 달팽이 껍데기가 벗겨져서 a종의 민달팽이가 발생했고, B종의 달팽이 껍데기가 벗겨져서 b종 민달팽이가 발생했다고 생각하는 것이 더 타당하다는 것을 알게 된 것이다. 단지 껍데기가 벗겨지면 내장의 위치가 크게 변화하기 때문에 형태로만 보면 동떨어진 종으로 보이는 것이다.

이와 같이 현재는 지금까지의 '종'의 개념이 흔들리고 있으며, 그 정의도 연구자에 따라 달라지고 있다. 현 단계에서 분류학자가 공통적으로 인정하는 종의 구분 기준은, 어떤 생물과 생물이 교배해서 대를 이어 자손을 남길 수 있느냐는 것이다. 이것을 생식적 격리라고 한다.

05

자연현상이 항상 이론과 일치하는 것은 아니다

자 연 을 잘 관 찰 해 보 자

생태학에 ‘스터디 네이처, 낫 북스(Study Nature, Not Books!)’ 라는 표어가 있다. 책의 내용이 자연계에서 일어나는 현상과 일치하지 않는 경우가 많기 때문이다. 자연계에서는 많은 생물이 서로 복잡하게 영향을 주고받으며 생활하고 있다. 또한 생활 환경에 따라서 생물의 반응도 달라진다. 그렇기 때문에 특정 시점에 특정 장소에서 관찰한 사실이 다른 장소에서는 전혀 해당되지 않는 경우가 있다.

‘한 사람의 작은 손으로는 아무것도 할 수 없지만, 모두의 손이 모이면 무엇이든 할 수 있다’ 라는 말이 있는데, 자연계에서도 이러한 이치는 통한다. 생물 집단은 단순한 개체의 집합체가 아니다. 예를 들면 쥐 한 마리에서 얻어진 실험 결과가 여러 쥐를 동시에 사육할 때 얻어진 결과와 같다고 할 수는 없다.

개체에서 성립되는 법칙이 집단에서는 성립되지 않을 경우가 있다

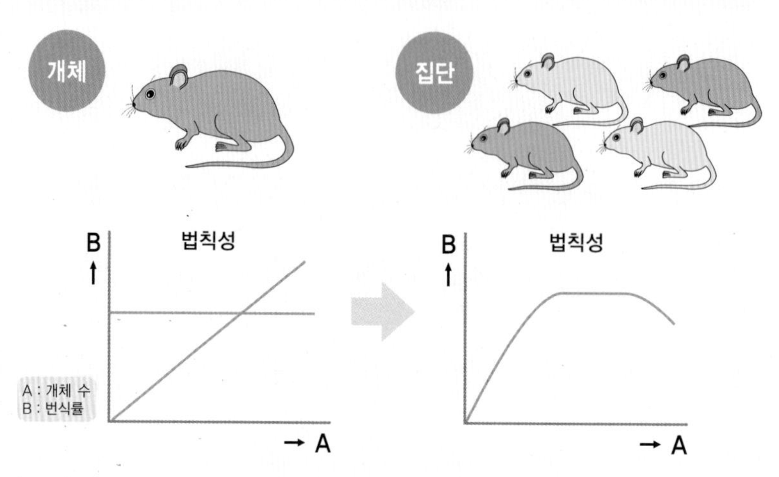

쥐를 한 마리씩 따로 사육했을 경우에, 개체수(A)를 늘려도 번식률(B)은 변하지 않는다.
하지만, 쥐를 집단으로 사육할 때, 개체 수를 늘리면 번식률은 증가한다.
그러나 개체 수가 너무 늘어나면 번식률이 오히려 줄어든다.

사자도 '팀플레이'를
할 수 있구나!

사자의 생활 방식을
자세히 관찰하지 않으면
알 수가 없어.

구체적인 예를 들어보겠다. 사자가 톰슨가젤을 사냥할 때, 한 마리가 습격했을 때의 성공률은 15%인데, 두세 마리가 그룹으로 톰슨가젤을 습격했을 때의 성공률은 약 2배인 32%에 달한다. 또 금색재칼이 톰슨가젤을 사냥할 때에도, 한 마리가 습격

할 때보다 두 마리가 습격하는 쪽이 4배나 성공률이 높다.

이와 같이 자연계는 아주 복잡하기 때문에 잘 관찰하는 것이 중요하다.

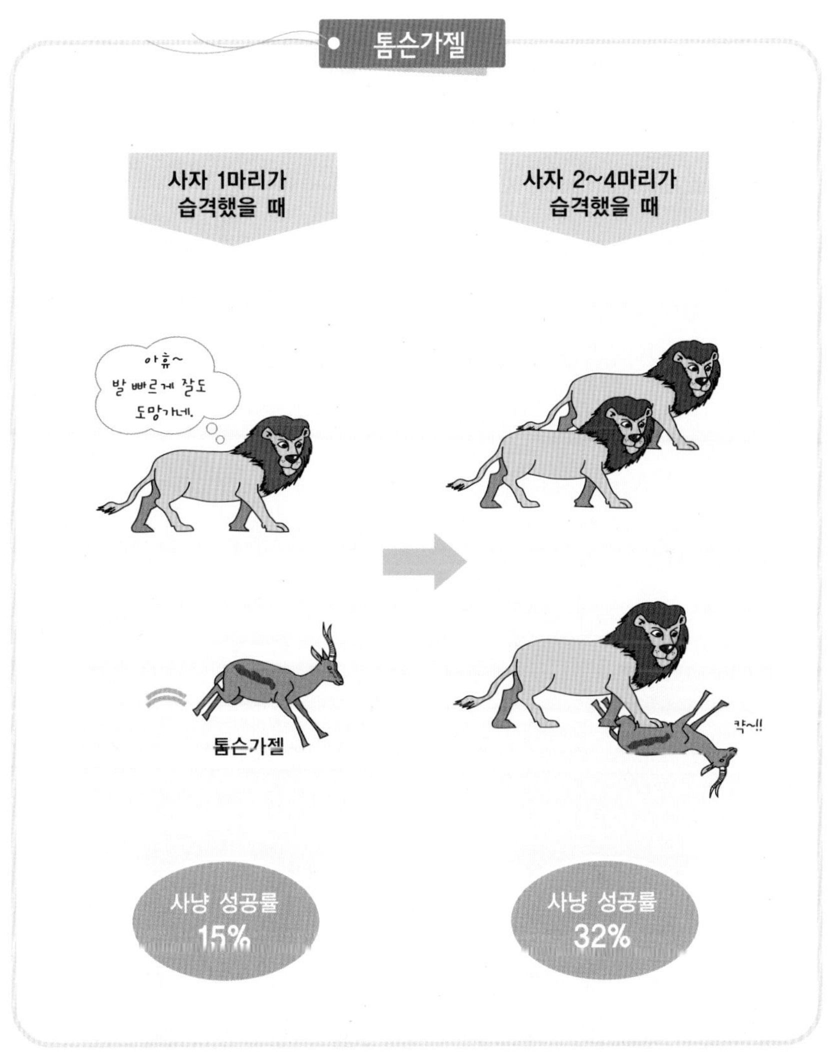

06

생물의 크기는 어떻게 결정되는가?

생물을 지배하는 물리 법칙

생물의 크기는 실로 다양하다. 현재 지구상에서 가장 큰 생물은 아마 대왕고래일 것이다. 대왕고래는 몸길이 33미터, 체중이 170톤까지 자라기도 한다. 한편, 지상에서 가장 큰 생물은 아프리카코끼리인데, 가장 크게 자라면 어깨 높이는 약 4미터, 체중은 12톤에 이른다. 하지만 옛날에는 대왕고래에 필적할 만큼 거대한 육상동물이 있었다. '세이스모사우루스'라는 거대한 공룡으로, 몸길이가 35미터, 체중은 130톤이었다고 추측된다.

그런 점에서 인간은 쉽게 습격당할 만큼 작지도 않고, 자신을 지탱할 수 없을 정도로 무겁지도 않아서 딱 좋은 크기네요.

앞으로 인구가 더 늘어나면 식량 위기가 일어나지 않도록 인류의 크기가 작아지는 편이 좋을지도 몰라.

이처럼 몸집이 커지

면 살아가는 데 불편한 점이 많다. 여러가지 물리적 제약이 따르기 때문이다. 고래는 단 한 번의 호흡으로 얻은 산소를 몸 구석구석까지 보내야 하고, 그것을 다음 호흡 때까지 조직에 비축해 두지 않으면 안 된다. 그렇기 때문에 고래의 근육에는 산소를 비축하는 '미오글로빈' 이라는 새빨간 색소단백질이 많이 필요하다.

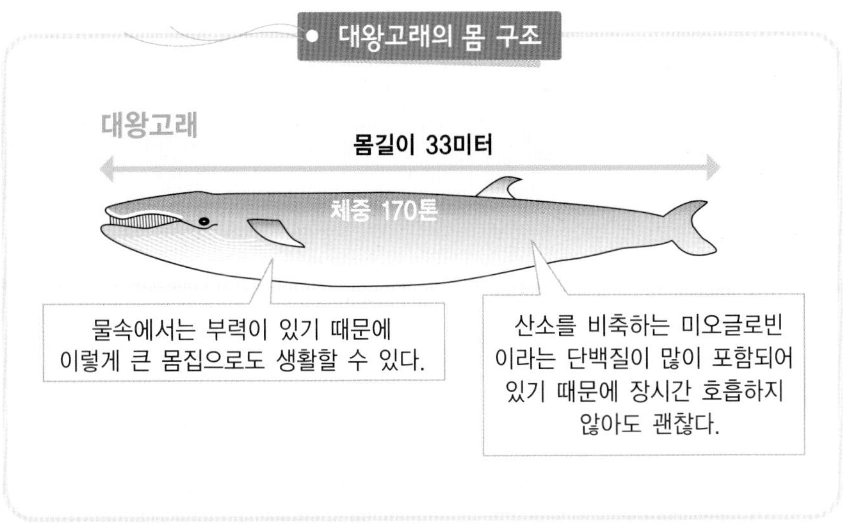
● 대왕고래의 몸 구조
대왕고래
몸길이 33미터
체중 170톤
물속에서는 부력이 있기 때문에
이렇게 큰 몸집으로도 생활할 수 있다.
산소를 비축하는 미오글로빈
이라는 단백질이 많이 포함되어
있기 때문에 장시간 호흡하지
않아도 괜찮다.

지상에서 몸집이 커지면 가장 먼저 중력의 영향을 받는다. 세이스모사우루스의 경우, 목과 꼬리를 길게 하여 몸 전후의 균형을 맞췄다. 또한 튼튼한 앞다리와 뒷다리는 마치 현수교처럼 아래로 곧장 뻗어 있어 목이나 꼬리에 가해지는 무게를 튼튼한 다리로 전달했다. 그 대신 머리는 크게 발달시킬 수가 없다.

세이스모사우루스의 몸 구조

세이스모사우루스는 거대한 몸집으로 인해 '걸을 때 대지를 뒤흔들었다'고 해서 세이스모('뒤흔들다'라는 뜻의 라틴어)라는 이름이 붙었다.

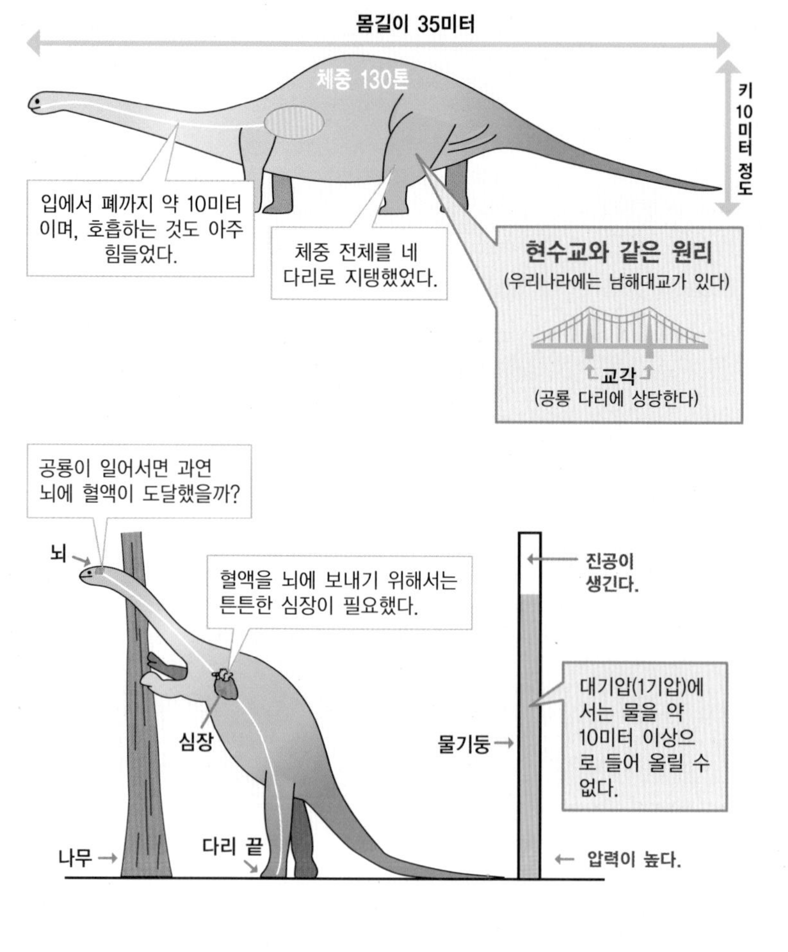
몸길이 35미터
체중 130톤
키 10미터 정도
입에서 폐까지 약 10미터 이며, 호흡하는 것도 아주 힘들었다.
체중 전체를 네 다리로 지탱했었다.
현수교와 같은 원리
(우리나라에는 남해대교가 있다)
교각
(공룡 다리에 상당한다)
공룡이 일어서면 과연 뇌에 혈액이 도달했을까?
뇌
혈액을 뇌에 보내기 위해서는 튼튼한 심장이 필요했다.
심장
나무
다리 끝
진공이 생긴다.
대기압(1기압)에서는 물을 약 10미터 이상으로 들어 올릴 수 없다.
물기둥
압력이 높다.

또 혈압도 공룡의 몸 구조에 영향을 끼쳤을 가능성이 있다. 대기압에서는 물을 약 10미터 이상 들어 올릴 수 없다. 어깨 높이가 10미터인 세이스모사우루스가 일어서면 키가 더 커지니까 다리 끝에 모여 있던 혈액을 뇌까지 보내기가 어렵다. 또 세이스모사우루스는 목이 긴 만큼, 호흡하는 것도 힘이 들었다. 입에서 폐까지 거리가 10미터에 달했기 때문에 뛰더라도 급하게 호흡을 할 수는 없었던 것이다. 이처럼 지상에 살고 있는 한, 생물의 몸은 물리적인 제약을 받지 않을 수 없다.

chapter 2

생물은 세포에서 시작된다

"다양한 세포가 있지만 기본적은 구조는 모두 같다. 어떤 세포든지 생명을 유지하기 위해 활동하고 있다."

우리는 살아 있다. 그러나 돌은 살아 있지 않다. 뭐가 다른 것일까? 살아 있는 것에는 몇 가지 특징이 있다. 움직이거나 먹거나 호흡하거나 혹은 성장하거나 하는 것 등이다. 바로 그 활동의 기본이 되는 것이 세포이다. 우리의 몸은 세포로 만들어져 있다. 새의 날개도 부리도 모두 세포로 만들어져 있다. 뭔가 다른 것으로 만들어져 있는 것 같지만 똑같이 세포로 만들어져 있다. 세포에도 여러 종류가 있지만 기본적인 구조는 모두 같다. 어떤 세포든지 생명을 유지하기 위해 움직이고 있다. 생명을 유지한다는 것은 움직이거나 먹거나 호흡하는 것이다. 이번 장에서는 생명을 구성하는 기본 단위인 세포에 대해서 자세하게 알게 될 것이다.

01

세포의 비밀을 캐다

생명의 기본 단위

살아 있는 것은 모두
세포로 만들어져
있다는 거죠?

지구상에는 여러 생물이 살고 있다. 생물이라고 해도 사람이나 개 같은 동물, 튤립이나 시금치 같은 식물, 그리고 병의 원인이 되는 눈에 보이지 않을 정도의 작은 미생물까지 크기나 모양은 다양하다. 그렇게 다양한 그들에게도 공통된 특징이 있다. 그것은 모든 생물은 '세포'라는 생명의 기본 단위로 구성되어 있다는 것이다. 그럼 세포란 도대체 어떤 것인가?

보통 세포는 너무 작아서 육안으로는 보이지 않는다. 따라서 현미경이 발명되기까지는 아무도 세포의 존재를 알아차리지 못했다.

사실 세포는 의외의 장소에서 발견되었다.

1665년, 영국의 물리학자 훅(Robert Hooke, 1635~1703)은 '코르크

가 다른 종류의 목재에 비해 가벼운 이유는 무엇인가' 라는 의문을 품고 직접 만든 현미경을 사용해서 코르크의 얇은 조각을 관찰해 보았다. 그리고 코르크에는 벌집 같은 구멍이 많이 뚫려 있어서 이 구멍 때문에 코르크가 다른 목재보다 가볍다는 사실을 알게 되었다. 그는 이 구멍을 '작은 방' 이라는 의미의 '셀(cell ; 세포)' 이라고 불렀다. 하지만 그가 관찰한 것은 죽은 세포의 외벽(세포벽)이었지, 살아 있는 세포는 아니었다.

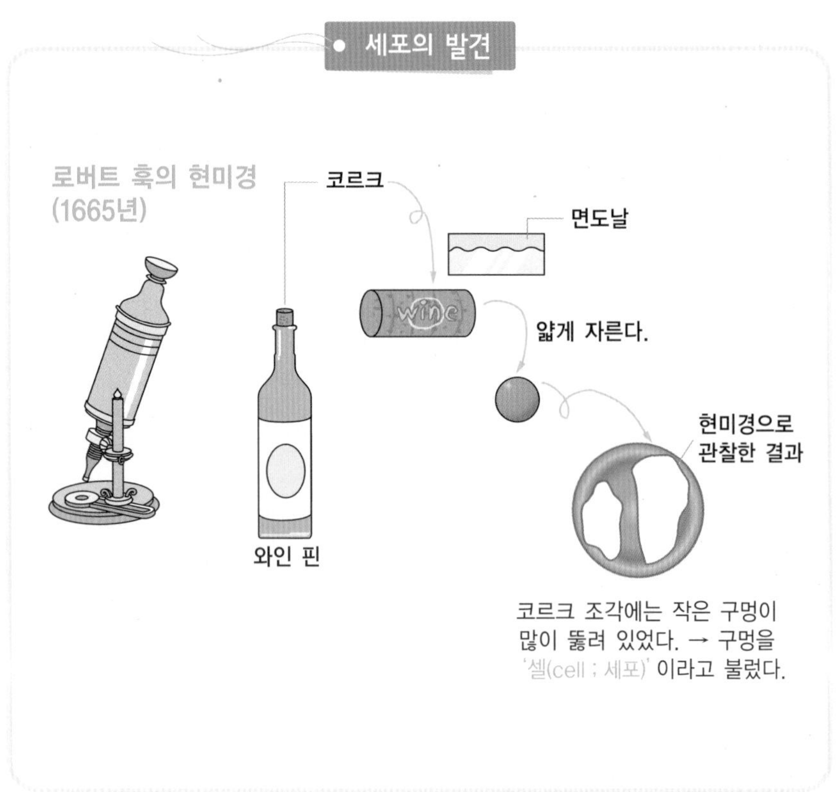

지구상의 여러 생물
공통된 특징
세포
생물
맞는 말씀! 살아 있는 것은 모두
작은 박테리아(세균)에서 거대한
고래까지 세포로 이루어져 있어.
하지만, 세포의 중요성이 이해
되기까지는 훅에 의한 발견으로

세포의 중요성이 이해되기까지는 또다시 약 200년이나 되는 세월이 필요했다. 1838년, 독일의 식물학자 슐라이덴(Matthias Jakob Schleiden, 1804~1881)이 식물에 대해서, 1839년에는 같은 독일의 동물생리학자 슈반(Theodor Schwann, 1810~1882)이 동물에 대해서, 생물은 모두 세포로 이루어져 있다는 '세포설' 을 발표했다. 또 독일의 병리학자 피르호(Rudolf Virchow, 1821~1902)는 '세포는 도대체 무엇으로 만들어지는가' 라는 의문에 대해 '모든 세포는 세포로부터' 라고 대답했다.

이렇게 해서 모든 생물은 세포라는 생명의 기본 단위로 이루어졌다는 것을 이해할 수 있게 되었다.

02

세포에도 여러 종류가 있다

원핵생물과 진핵생물

앞서 말한 것처럼 모든 생물은 세포로 이루어져 있는데, 다 같은 세포라고 해도 크기가 정말로 다양하다. 타조 알의 노른자처럼 커다란 세포도 있지만, 대부분의 세포는 현미경을 사용하지 않으면 도저히 볼 수가 없다. 왜 그런 것일까?

세포가 살아가기 위해서는 외부로부터 산소나 영양분을 받아들여서 대사를 하고, 불필요한 이산화탄소나 노폐물을 세포 밖으로 버려야 한다. 그런데 세포가 크면 클수록, 일정 부피당 표면적이 극단적으로 작아져 버린다. 따라서 어느 정도 이상까지 세포가 커지면 산소나 영양분을 받아들이기 위한 표면적을 확보하지 못하게 되는 것이다.

그럼 큰 세포와 작은 세포는 어떤 차이가 있을까? 예를 들어 단세포 생물인 대장균의 크기는 대략 3미크론(1,000분의 3밀리미터)인데 비해, 같은 단세포 생물인 유글레나는 길이가 약 25배에 해당하는 80 미크론이나 된다. 이것을 부피 비례로 환산하면 거의 15,000배나 차이가 된다. 이 정도로 크기가 다른 두 개의 세포를 세포라는 이름으로 뭉뚱그려 부를 수 있을까?

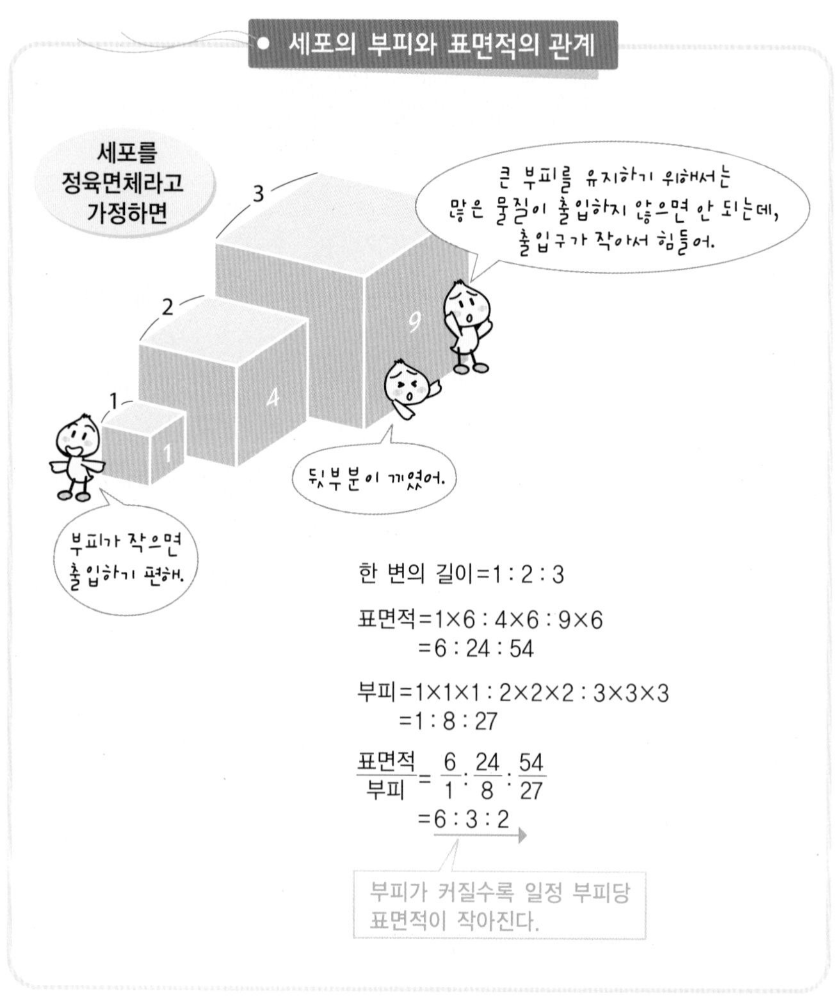

세포의 부피와 표면적의 관계
세포를 정육면체라고 가정하면
3
2
1
9
4
1
큰 부피를 유지하기 위해서는 많은 물질이 출입하지 않으면 안 되는데, 출입구가 작아서 힘들어.
뒤부분이 끼였어.
부피가 작으면 출입하기 편해.
한 변의 길이=1 : 2 : 3
표면적=1×6 : 4×6 : 9×6
=6 : 24 : 54
부피=1×1×1 : 2×2×2 : 3×3×3
=1 : 8 : 27
표면적/부피 = 6/1 : 24/8 : 54/27
=6 : 3 : 2
부피가 커질수록 일정 부피당 표면적이 작아진다.

사실 대장균과 유글레나는 그 내부 구조가 꽤 다르다. 대장균을 전자현미경으로 관찰해 봐도 내부에는 그다지 확실한 구조가 보이지 않는다. 대장균처럼 핵막에 의해 둘러싸인 핵이 없는 세포를 '원핵

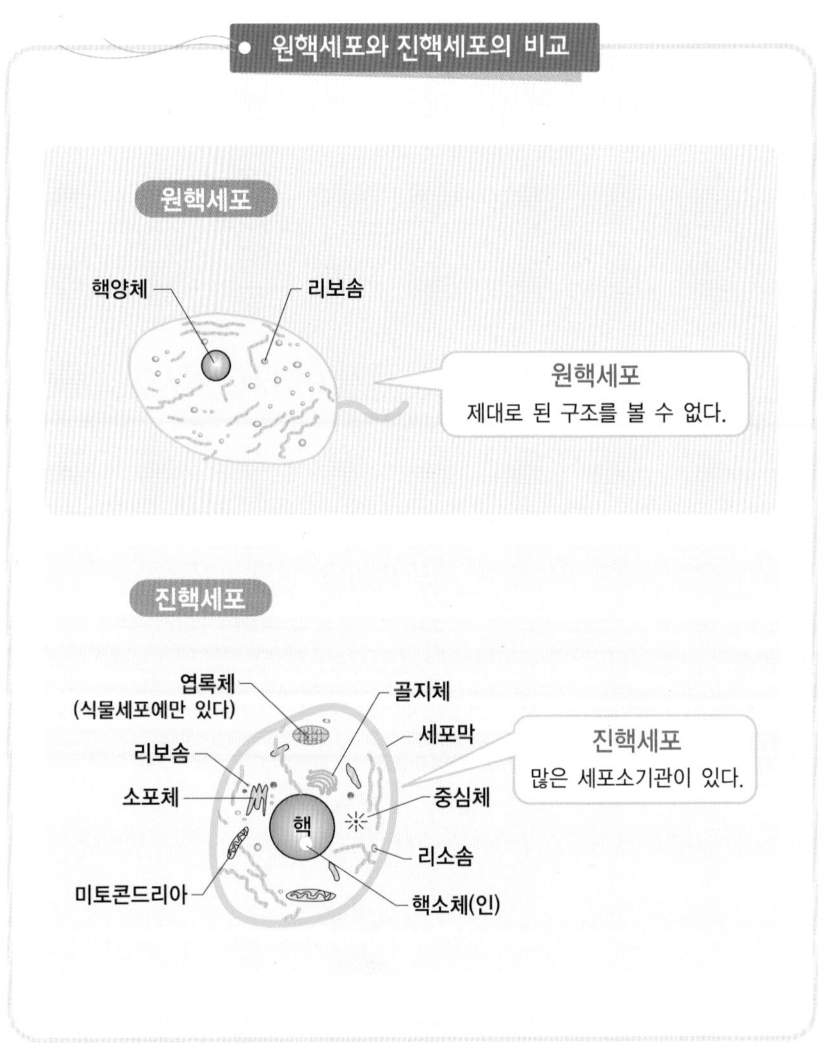

세포' 라고 부른다. 반면 유글레나의 세포는 핵막으로 둘러싸인 핵이 보이기 때문에 '진핵세포' 라고 불린다. 또 유글레나의 세포에서는 미토콘드리아나 엽록체, 소포체와 같은 갖가지 '세포소기관' 을 볼 수 있다.

원핵세포를 가지는 생물로는 대장균 등 세균 외에 남조류도 있는데, 이런 생물을 '원핵생물' 이라고 한다. 세균과 남조류 이외의 생물은 진핵세포로 이루어져 있기 때문에 '진핵생물' 이라고 불린다.

원핵생물의 화석은 약 35억 년 전의 지층에서도 발견되는데 비해, 진핵생물의 화석은 약 15억 년 전 지층이 아니면 볼 수가 없다. 따라서 이 20여 억 년 사이에 원핵생물이 진핵생물로 진화환 것으로 생각된다. 진핵 생물이 나타난 것에 대해서는 서로 다른 몇 개의 원핵 생물이 공생하면서 진핵생물로 진화했다는 설이 가장 유력하다. 즉, 세포소기관은 공생한 원핵생물의 흔적이라는 것인데 이 설을 '공생설' 이라고 한다. 실제로 미토콘드리아나 엽록체에는 각각 고유의 DNA가 포함되어 있어서 공생설을 지지하는 근거가 되고 있다.

그럼, 원핵생물은 인간의
조상일지도 모르겠네요?

공생설이 맞다면 진핵생물인
인간도 원핵생물의
후손이라고 할 수 있지.

03

세포의 구성물은 다양하다

세 포 소 기 관 과 그 역 할

진핵세포에는 핵이나 미토콘드리아 등 여러 세포소기관이 있다고 설명했는데, 그들은 각각 어떤 역할을 하는 것일까?

우선 '핵' 부터 살펴보자. 핵에는 세포가 살아가는 데 필요한 정보를 담당하는 유전물질 즉, DNA가 들어 있다. 핵은 세포에 없어서는 안 될 존재이며, 세포에서 핵을 제거해 버리면 더 이상 그 세포는 분열하지 않으며, 또 오래 살 수도 없다. 핵 속에 있는 DNA에는 귀중한 유전정보가 들어 있는데, DNA를 복사할 경우는 있어도, DNA 자체가 핵 바깥으로 나가는 일은 절대로 없다. 그러므로 핵은 소장하고 있는 도서를 바깥으로 들고 나올 수 없는 도서관과 같은 것이라고 생각하면 된다.

DNA가 가진 정보의 구체적인 내용은 세포의 주요 성분인 단백질을 만드는 방법이다. 단백질은 생명 활동의 책임자로서 중요한 역할을 하는 물질이다.

'미토콘드리아' 는 가늘고 긴 실 모양을 하고 있다. 흔히 일반 책에서는 안쪽에 주름이 있는 소시지 같은 모양으로 그려지는 경우가 많은데 실제로는 더 가늘고 길며, 또 직선 상태가 아니라 도중에 갈라진 나뭇가지처럼 생긴 경우가 많다. 미토콘드리아에서는 세포가 살아가기 위해서 필요한 에너지원이 되는 ATP를 만든다. 그래서 미토콘드리아는 에너지를 만드는 발전소로 비유된다.

'리보솜' 은 소포체 표면이나 그 근처에 있는 작은 입자로, 확대해 보면 오뚜기 같은 모양을 하고 있다. 리보솜에서는 유전정보대로 아미노산을 배열해서 단백질을 만든다.

'소포체' 는 세포에서 만들어진 물질의 수송로다. 세포 내에 둘러쳐진 입체적인 미로라고도 볼 수 있는데 리보솜에서 만들어진 단백질 중 일부는 소포체 속으로 들어간다. 이 속에서 단백질의 입체 구조가 정돈되면서 '골지체' 라는 구조를 지나서, 마지막으로 단백질이 일하는 장소로 보내진다.

세포의 바깥쪽을 감싸는 '세포막' 은 세포의 안팎을 구분하는 단순한 막이 아니다. 세포막 자체가 살아서 대사를 하고, 에너지를 사용해서 필요한 것을 받아들이고 불필요한 것은 배출한다. 또 세포막 위에는 여러 가지 수용체(리셉터)가 존재해, 바깥으로부터의 자극에 대

세포의 각 소기관

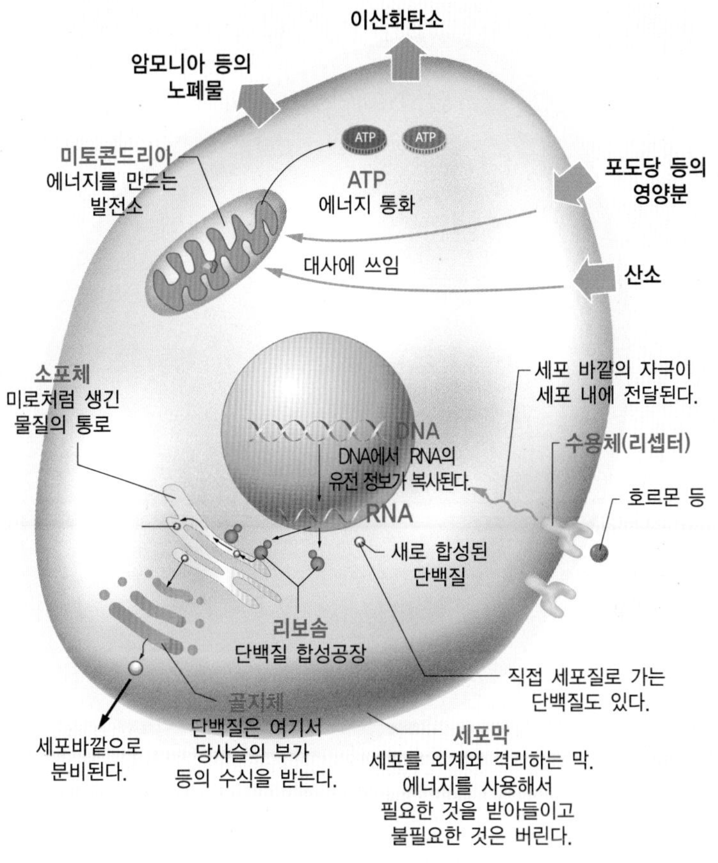

이산화탄소

암모니아 등의 노폐물

미토콘드리아
에너지를 만드는 발전소

ATP
에너지 통화

포도당 등의 영양분

대사에 쓰임

산소

소포체
미로처럼 생긴 물질의 통로

DNA

DNA에서 RNA의 유전 정보가 복사된다.

RNA

세포 바깥의 자극이 세포 내에 전달된다.

수용체(리셉터)

호르몬 등

새로 합성된 단백질

리보솜
단백질 합성공장

직접 세포질로 가는 단백질도 있다.

골지체
단백질은 여기서 당사슬의 부가 등의 수식을 받는다.

세포바깥으로 분비된다.

세포막
세포를 외계와 격리하는 막.
에너지를 사용해서 필요한 것을 받아들이고 불필요한 것은 버린다.

세포의 역할은 '늘어나다', '만들다', '느껴서 반응하다'로 나눌 수 있다.

세포가 생명을 유지하거나, 벌송하지 않도록 하기 위해서 각 소기관이 기능하고 있는 거야.

해 세포가 반응할 수 있게 한다.

이러한 구조는 동물세포와 식물세포 양쪽에 공통된 것인데, 식물세포에서만 볼 수 있는 '엽록체' 라는 세포소기관도 있다. 엽록체는 럭비공 같은 모양을 하고 있으며, 여기서 광합성을 한다.

04

세포의 수가 늘어난다

세포분열의 구조

우리 몸에서 오래된 것은 끊임없이 새것과 교체된다. 피부를 예로 들면 오래된 피부는 때가 되어 떨어져 나가고 속에서 새 피부가 만들어진다. 또 넘어져서 무릎이 까져도 조금 지나면 상처는 아무는데, 이것도 몸 속에서 새로 무릎 피부조직이 만들어지기 때문이다. 이와 같은 현상은 몸 표면에서만 일어나는 것이 아니다. 평소에는 전혀 변화가 없는 것처럼 느껴지는 근육이나 뼈조차도 오래된 것은 조금씩 없어지고 새로운 것으로 바뀐다.

우리 몸의 일부가 새로 바뀐다는 것은 오래된 세포가 새 세포로 교체된다는 것을 의미한다. 그러기 위해서는 몸 속에서 새 세포가 계속해서 만들어져야 한다. 몸 속에는 세포의 근원이 되는 세포(이것을 간幹세포라고 한다)가 있는데, 그것이 세포분열을 해서 점차 늘어나면 오래된 세포와 교체되는 것이다.

그럼, 1개의 세포가 어떤 식으로 세포분열을 해서 2개의 세포가 되는지 알아보자. 앞에서 설명했듯이, 세포에는 여러 세포소기관이 있어서 복잡한 구조를 이루고 있다. 따라서 그것과 똑같은 것을 만드는 일은 쉬운 일이 아니다.

특히 세포의 핵에는 그 세포가 살아가기 위해서 필요한 유전정보가 들어 있기 때문에 유전정보를 정확하게 2개로 나누지 않으면 안 된다. 그래서 세포분열이 일어나기 전에 핵 안에서 DNA가 정확하게 복제되어 DNA의 양이 2배로 늘어난다. 이 작업이 끝나고 나서야 비로소 세포분열이 시작되는 것이다.

이번에는 세포분열을 이사에 비유해 보자.

우선 복제한 DNA를 제대로 정리를 해서 짐을 싸야 한다. DNA가 히스톤이라는 특수한 단백질에 잘 말려들어가서 크로마틴이 생기고, 그것이 많이 모이면 염색체라는 이삿짐이 된다. 그러면 핵 주위를 둘러싸고 있다 핵막이 사라지고(전기), 다음으로 염색가 세포의 중앙(적도면)에 배열된다(중기). 염색체는 방추사라고 불리는 실에 이끌려서 반반씩 다른 방향으로 움

'분열'은 완전히 똑같은 것이
늘어나는 거잖아요?
그럼, 세포가 다른 세포를
만드는 일은 없나요?
어른이 된 세포는 완전히
똑같이 복사되지.
하지만 수정란처럼
증가한 세포가 다른 것이
되는 경우도 있단다.

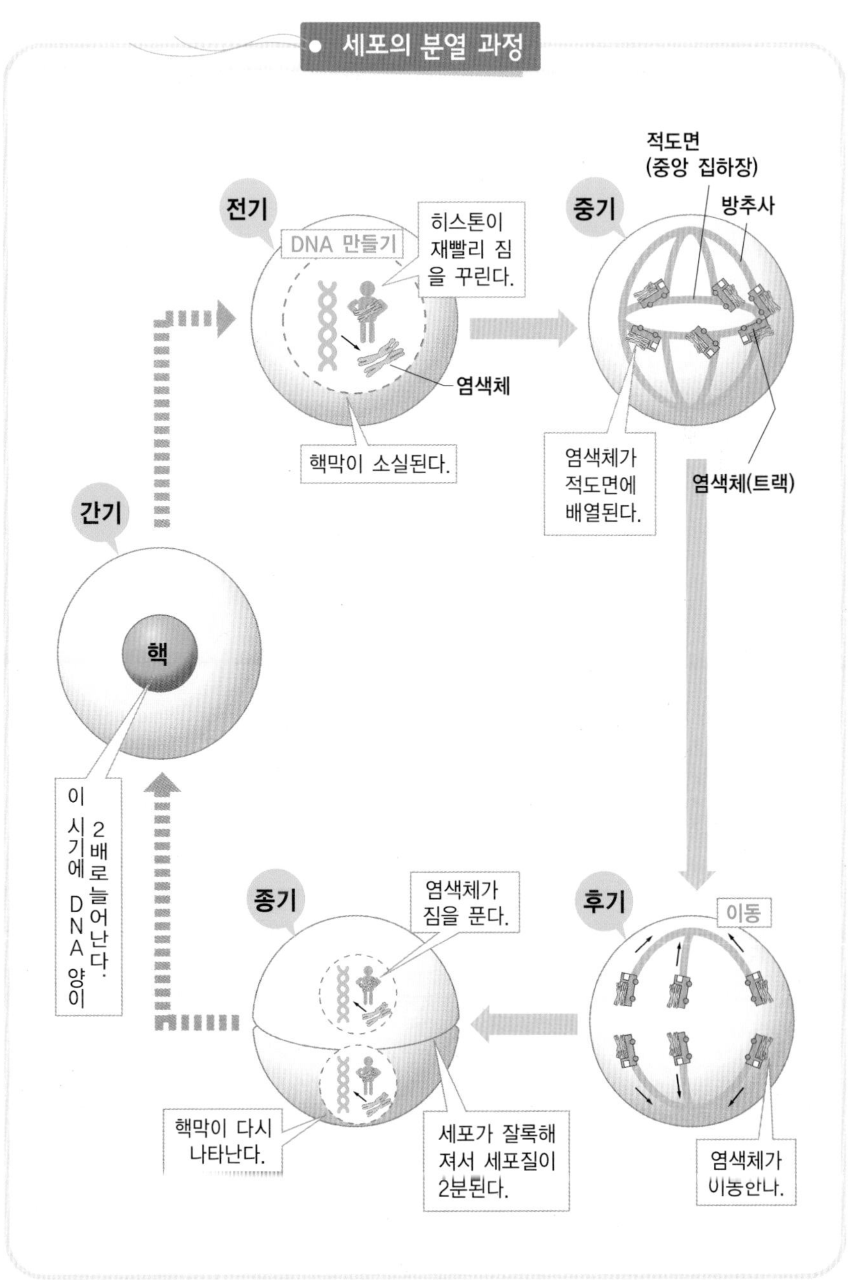

세포의 분열 과정
간기
핵
이 시기에 DNA 양이 2배로 늘어난다.
전기
DNA 만들기
히스톤이 재빨리 짐을 꾸린다.
염색체
핵막이 소실된다.
중기
적도면 (중앙 집하장)
방추사
염색체가 적도면에 배열된다.
염색체(트랙)
후기
이동
염색체가 이동한다.
종기
염색체가 짐을 푼다.
핵막이 다시 나타난다.
세포가 잘록해져서 세포질이 2분된다.

직인다(말기). 염색체의 이동이 끝나면 이번에는 짐을 푼다. 염색체가 풀려서 필요한 유전정보를 바로 읽을 수 있는 상태가 되며, 이때 핵막이 다시 나타난다. 한편, 세포는 가운데가 잘록해지면서 세포질이 2분되어 세포분열이 종료된다.

이때 미토콘드리아 등, 핵 이외의 세포소기관의 수가 반으로 줄어들기도 한다. 하지만 미토콘드리아는 스스로 분열할 수 있기 때문에 원래대로 곧바로 수를 늘릴 수가 있다.

05

세포도 언젠가는 죽는다

세포의 수명과 아포토시스

우리는 언젠가는 늙어서 죽는다. 그와 마찬가지로 수정란에서 출발한 각각의 세포도 언젠가는 반드시 죽는다. 사람들의 수명이 서로 다르듯이 세포의 수명도 모두 다르다. 오래 사는 세포가 있는가 하면 금방 죽는 세포도 있다.

예를 들어 뇌의 신경세포는 아주 오래 산다. 태어난 후로부터는 세포분열을 거의 하지 않는 대신에 그 개체가 죽을 때까지 계속 살아 있다.

한편, 피부세포나 혈구세포는 살아 있는 기간이 짧다. 표피세포의 경우, 근원이 되는 간세포에서 분화하면 케라틴이라는 단백질을 계속 만들면서 각질화되어 굳어지고, 몸 표면에 나오기 전에 거의 죽어버린다.

혈구세포 역시 간세포에서 만들어진다. 그중에서 백혈구가 된 세포는 세균이나 바이러스를 공격하기도 하지만, 상대에게 공격을 받으면 도리어 죽어 버린다. 적혈구는 분화하는 도중에 핵마저 잃어버리게 된다.

모처럼 태어났는데도 어른이 되기 전에 죽어 버리는 세포도 있다. 가장 대표적인 것이 손가락과 발가락이다.

손 · 발가락은 처음부터 5개로 나누어져 있던 것이 아니었다. 처음에는 마치 두꺼운 부채 같은 모양을 하고 있다. 일본 만화 주인공인 도라에몽의 손을 생각하면 쉽게 이해할 수 있을 것이다. 그럼 손가락과 손가락 사이에 있던 세포는 어디로 가 버린 것일까?

실은 손가락과 손가락 사이에 있던 세포는 자살해서 사라져 버린

것이다. 손 모양을 정상적으로 만들기 위해서, 모두를 위해서 스스로 목숨을 끊었다고 하면 될 것 같다. 이와 같이 자발적으로 세포가 죽는 것을 아포토시스라고 한다.

그럼 만약에 손가락과 손가락 사이의 세포가 죽지 않고 살아남는다면 어떻게 될까?

이를 실험하기 위해 닭 유전자를 조작해서 발가락과 발가락 사이의 세포를 죽지 않도록 하였는데, 결과는 물갈퀴 같은 구조가 생겼다. 이런 실험을 통해, 물새는 발가락과 발가락 사이의 세포가 살아남아서 물갈퀴가 생기고 지상에서 생활하는 많은 새들은 발가락과 발가락 사이의 세포가 아포토시스를 일으키기 때문에 물갈퀴가 생기지 않는다고 과학적으로 설명할 수 있다.

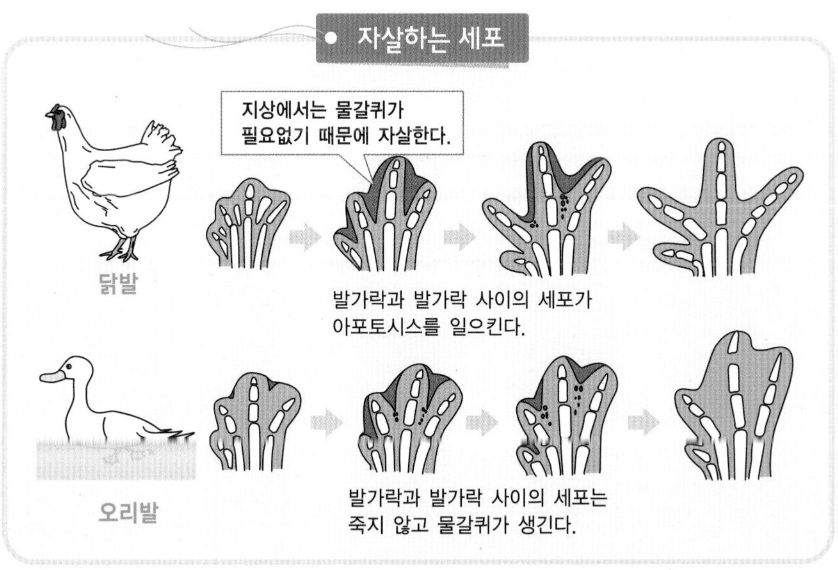
자살하는 세포
지상에서는 물갈퀴가
필요없기 때문에 자살한다.
닭발
발가락과 발가락 사이의 세포가
아포토시스를 일으킨다.
오리발
발가락과 발가락 사이의 세포는
죽지 않고 물갈퀴가 생긴다.

chapter 3

생물은 진화한다

앞 장에서 모든 생물에는 세포라는 공통점이 있다고 배웠다. 그러나 확실히 이해가 가지 않는 부분이 있다. 수많은 생물들은 오랜 옛날부터 지금과 같은 모습이었을까? 아니면 시간의 흐름에 따라 자신의 모습을 바꿔왔을까? 먼 옛날 생물이 어떤 모양을 하고 있었는지 알아보기 위해서는 화석을 들여다볼 필요가 있다. 화석을 조사해 보면 조류는 약 1억 2,500만 년 전부터 출현했다는 것을 알 수 있다. 또한 조류는 공룡에서 진화했다는 설도 있다. 3장에서는 진화란 무엇이고 생물이 어떤 과정을 거쳐 진화하는지 알아보기로 하자.

01 진화란 무엇인가?

진화는 돌연변이에서 시작된다

골든리트리버는 애완견 중에서 매우 인기가 있는 개 중의 하나다. 이 개는 공격성이 적고 응석꾸러기라서 아이가 있는 가정에서 기르기 적당한데, 산책시키기가 힘들기 때문에 고령자 부부 가정에는 적당치 않다. 이와 같이 기르는 사람의 연령이나 가족 구성, 생활 유형에 따라 알맞은 애완견의 품종이 정해져 있다. 그럼 어떻게 해서 이렇게 다양한 개의 품종이 생겨난 것일까?

지금이야 애완견을 많이 기르는 추세지만, 오랜 세월 동안 인간은 목축견이나, 집 지키는 개 등 일상생활에 적합한 개를 키워 왔다. 사냥개는 사냥물을 보고도 잘 짖지 않으면서도 그것을 잡기 위해 전력 질주하는 순발력이 있다. 사냥감과 격투를 벌이더라도 다치지 않는 유연성이 있고 무엇보다도 주인에게 순종을 한다. 인간이 이런 사냥개로 적합한 성질을 갖춘 개만 골라서 교배를 되풀이한 결과, 그레이하운드나 도베르만 같은 뛰어난 품종의 사냥개가 태어난 것이다.

진화란 지구상의 다종다양한 생물이 오랜 시간 속에서 점점 변화해 가는 것을 말한다. 자연계에서의 진화는 너무 오랜 시간에 걸쳐 일어나기 때문에 실제로 우리 눈으로 보는 것은 거의 불가능하다. 하지만 사냥개의 품종 개량을 떠올려 보면 쉽게 이해할 수 있다.

즉, 같은 부모에게서 태어나는 여러 강아지 중에서 어느 1마리만 유전자에 돌연변이가 일어나, 다른 개보다 순발력이 뛰어나다고 가정해 보자. 이런 뛰어난 성질을 가진 개끼리 교배시켜 보다 순발력이 뛰어난 자손만을 남겨 두면 사냥에 알맞은 품종이 만들어진다.

여기서 중요한 것은 유전자에 변이가 일어나는 '돌연변이' 와, 사람이 보다 좋다고 생각하는 개만을 선택해서 그 자손을 남기고자 하는 '인위선택' 이다. 이것과 비슷한 현상('돌연변이' 와 '자연선택')이 자연계에서 일어나면 생물의 진화가 되는 것이다.

자연계에서는
인위선택이 없잖아요.
그럼 무엇 때문에
진화가 일어나는 거죠?

자연계에서는 사람의 인위선택처럼 어떤 특정 생물의 의도가 개입되지 않는다. 하지만 자연환경에 보다 적합한 성질을 가진 것만 살아남아, 자손을 남길 기회를 가질 수 있다는 점을 고려해볼 때, 자연에 의해 선택받았다고 해석할 수 있다. 이를 자연선택이라고 한다.

자연계에서는 인위선택
대신에 자연선택이 있어서
진화가 일어난단다.

02 생명의 탄생

유 기 물 의 합 성

생물은 어떤 식으로 이 지구상에서 탄생한 것일까? 아니면 우주에서 온 것일까?

우선 생물과 무생물의 차이점을 생각해 보자. 생물과 무생물을 구성하는 화학물질을 보면, 생물의 몸에는 유기물이라고 불리는 화학물질이 들어 있다. 유기물은 보통 암석이나 광물에는 거의 들어 있지 않다. 유기물에는 탄수화물(설탕이나 녹말)이나 지방, 단백질이나 핵산 등이 있으며, 이들 물질에는 탄소 · 수소 · 산소라는 원소가 들어 있다(단백질이나 아미노산처럼 질소가 들어 있는 물

원래 원시지구에는
유기물이 없었구나.

그렇지. 만약에 생물만 유기물을
만들 수 있다면 생명체는
지구상에서 만들어지지 않았다는
것이 되지. 하지만 밀러의
실험으로 그 가설은 무너졌어.

질도 있다). 이들은 원래 생물의 힘을 빌리지 않으면 만들어지지 않는 것으로 여겨졌기 때문에 유기물이라는 이름이 붙었다. 그에 비해 암석이나 광물 등에 포함된 화합물처럼, 생물의 힘 없이도 합성할 수 있는 것을 무기물이라고 부른다.

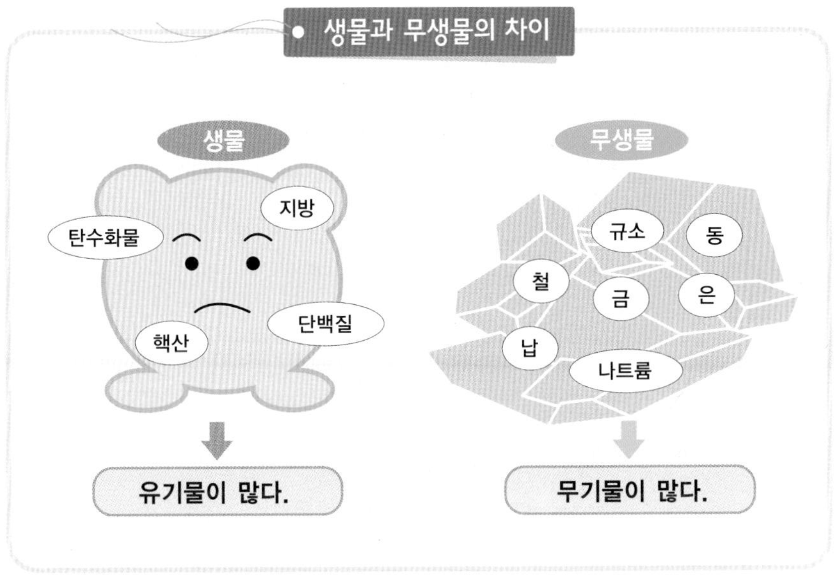

그런데 의외로 유기물 중 어떤 것은 생물의 힘없이도 인공적으로 합성할 수 있다는 사실이 밝혀졌다. 1955년 시카고대학의 대학원생이었던 밀러는 유리교수의 지도 하에 어떤 실험을 했다. 그들은 지구의 원시대기로 추정되는 기체(메탄, 암모니아, 수소, 수증기를 포함)를 플라스크에 넣고, 그 속에서 불꽃방전을 시켰다. 이것은 원시지구에서 빈번하게 일어났으리라 예상되는 번개를 흉내낸 것이다. 1주일이 지

무기물에서 인공적으로 유기물을 만들 수 있다!

밀러의 실험(1955년)

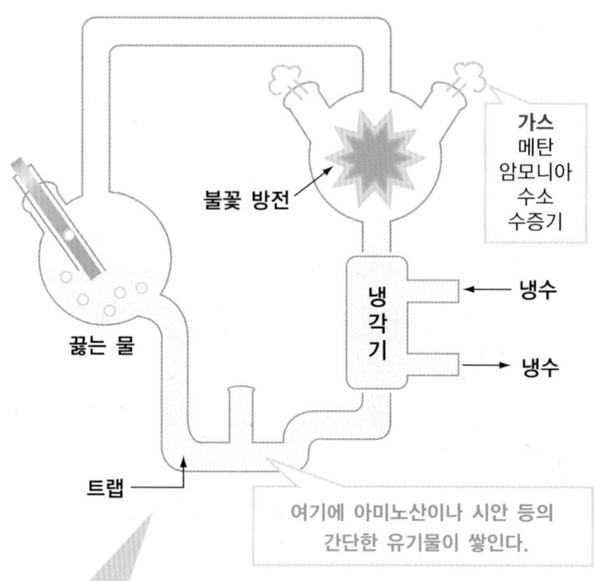

이 실험 결과로 알게 된 것

지구가 탄생한 후부터 처음 생명이 출현할 때까지의 기간 동안 **화학 진화**가 일어났다.

나자 투명했던 플라스크 내부에 아미노산 등 간단한 구조의 유기물이 생기고, 플라스크와 이어진 유리관 속의 물이 갈색으로 변했다.

이렇게 하여 유기물은 생물이 나타나기 전에 지구상에서 만들어졌다는 것이 증명이 되었다. 하지만 이들 유기물이 어떤 식으로 조합되어 단백질이나 핵산과 같은 복잡한 유기물이 만들어졌으며, 또한 이들 유기물이 어떤 식으로 조합되어 복잡한 '세포' 가 만들어졌는지는 아직은 모른다. 아마도 지구가 탄생한 약 45억 년 전부터 지구상에 첫 생물이 출현한 약 40억 년 전까지의 5억년 사이에 천천히 생명체가 만들어졌을 것이다. 간단한 유기물 합성에서 복잡한 유기물의 합성단계를 거쳐, 원시생명체가 만들어지기까지의 과정을 '화학진화' 라고 한다.

03 세포는 어떻게 해서 탄생했는가?

최 초 의 단 세 포 생 물

세계에서 가장 오래된 생물의 화석은 챠트라 불리는 약 35억 년

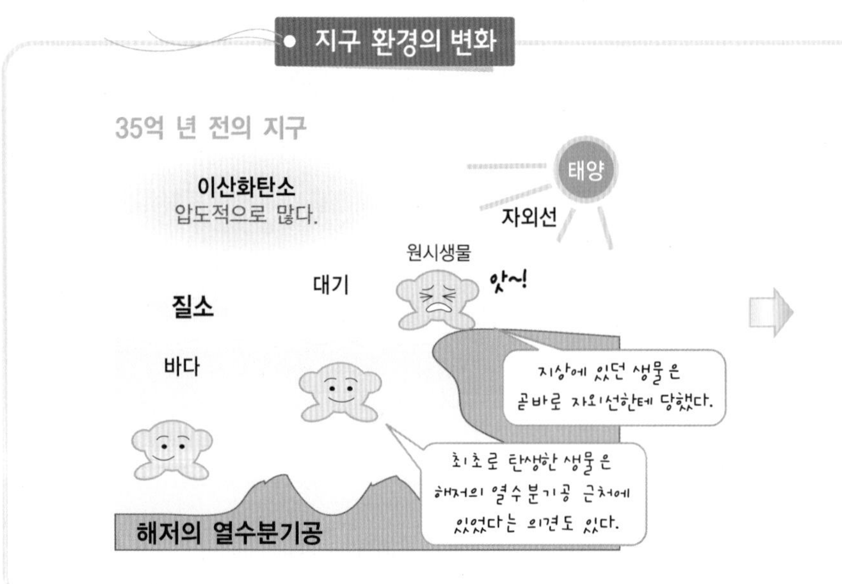

전의 암석 중에서 발견되었다. 하지만 당시의 대기에는 산소가 없고 이산화탄소와 질소뿐이었다. 따라서 최초로 지구상에 출현한 생물은 산소 호흡은 하지 않았다. 더구나 지표에는 생물에 유해한 자외선이 우주에서 내리쬐고 있었기 때문에, 최초의 생명체는 깊은 해저 화산 지대의 뜨거운 물을 내뿜는 분기공 부근에서 탄생한 것이 아닐까 하고 추정된다.

대기 중의 이산화탄소는 수중에 녹아서 탄소이온이 되고, 칼슘 등과 결합하여 해저에 가라앉았다. 이렇게 해서 대기 중의 이산화탄소가 바다에 흡수되자, 점차 햇빛이 직접 지표를 비추기 시작했다. 그러자 남조, 즉 시아노박테리아가 활발하게 광합성을 하여 산소를 내

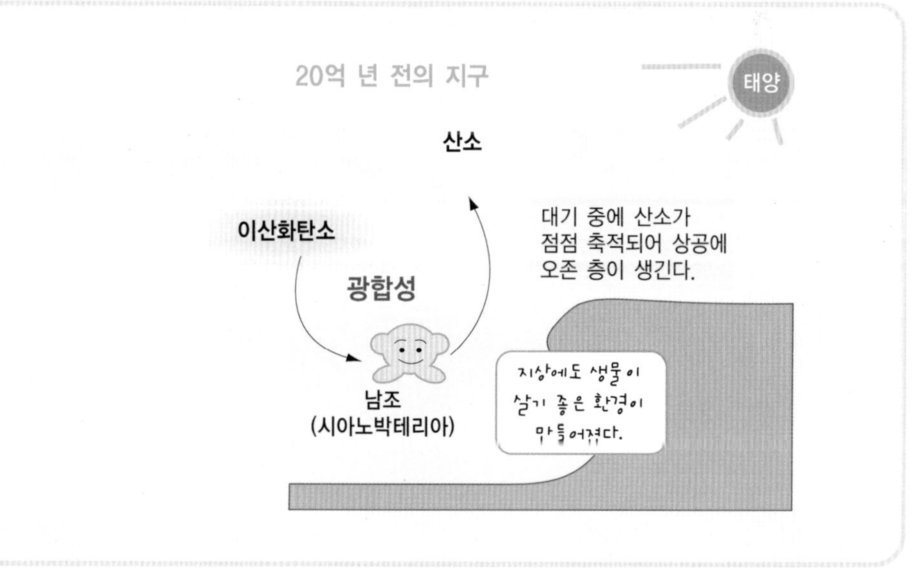

뱉게 되었다.

시아노박테리아는 그 후에도 계속 번성하여, 결국에는 드넓은 원시 바다를 가득 채울 정도로 증식했다. 20억 년 전 유황이나 철 등의 광물에 흡수되어 있던 산소량은 포화상태가 되고, 남은 산소는 대기 중에 축적되기 시작했다.

이렇게 오랜 세월에 걸쳐 대기 중의 산소 농도가 조금씩 증가해, 지금으로부터 10억 년 전에는 드디어 산소 농도가 현재와 거의 같은 20%에 도달했다. 대기 중에 산소가 증가함에 따라, 상공에는 오존층이 형성되어 우주로부터 들어오는 자외선이 차단되었고, 지상에도 생물이 살기 좋은 환경으로 만들어졌다.

시아노박테리아에게 산소는 광합성 과정에서 생기는 폐기물이었을 뿐만 아니라, 반응성이 높고 아주 유해한 물질이었다. 하지만 유기물을 태우면 대량의 열에너지가 발생하는 점에서도 알 수 있듯이, 유기물을 산소와 반응시키면 많은 에너지를 얻을 수 있다. 이런 점에서 볼 때, 대기 중에 축적되어 있는 산소를 생물이 이용하는 것은 당연했다. 우선 시아노박테리아가 스스로 배출한 산소를 사용하여 산소호흡을 시작하였고, 다음으로 산소호흡을 하는 호기성 박테리아(호기성 세균)가 급증했던 것이다.

또한 산소 호흡을 할 수 없는 혐기성 박테리아(혐기성 세균)의 일부도 호기성 박테리아를 세포 내에 받아들임으로써 산소를 이용하기 시작했다.

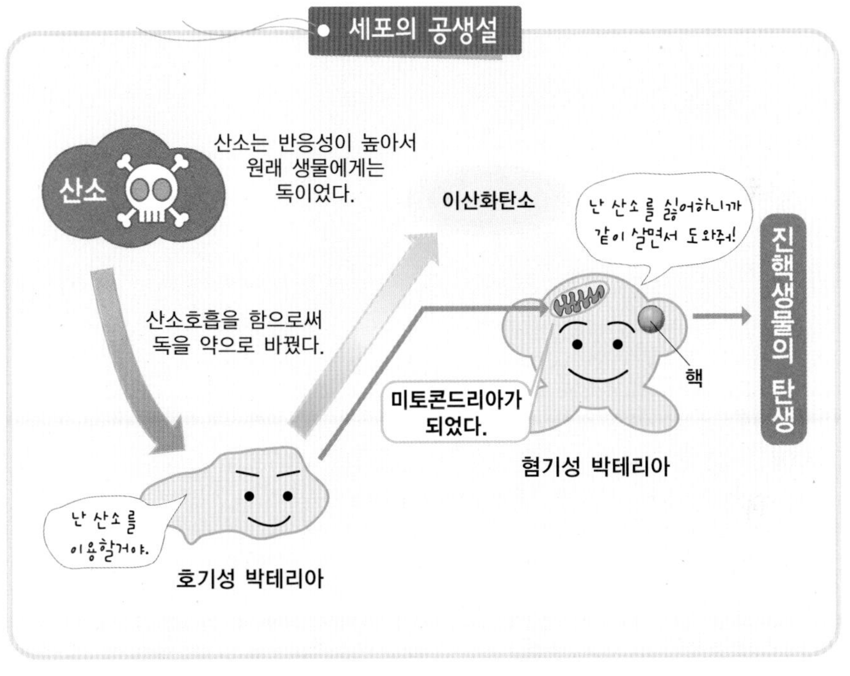

이렇게 탄생한 것이 복잡한 구조를 가진 진핵생물이다. 세포에 받아들여진 호기성 박테리아는 미토콘드리아가 되었고, 시아노박테리아는 엽록체가 된 것으로 여겨진다. 이와 같이 단순한 구조인 원핵생물의 세포 내에 다른 박테리아가 공생하여 진핵생물이 생겼다는 설을 '세포의 공생설' 이라고 한다.

04

단세포 생물에서 다세포 생물로

약 · 육 강 식 세 계 의 도 래

생물의 역사를 되돌아보자. 지구상에 생물이 탄생한 것은 약 40억 년 전이라고 여겨지는데, 막 탄생한 생물은 1개의 세포로 살아가는 단세포 생물이었다. 한편, 복수의 세포가 집합체를 이루어 살고 있는 다세포 생물은 그보다 훨씬 늦은 지금으로부터 약 15억 년 전에 탄생했다. 즉, 생명이 탄생한 후부터 현재까지의 기간 중 4분의 3의 기간 동안 지구상에는 단세포 생물밖에 없었다.

다세포 생물이 나타난 것은 지금으로부터 6억 5000만 년 전인 선캄브리아 시대 후기부터이다. 사우스오스트레일리아 주, 애들레이드에서 북쪽으로 500킬로미터 떨어진 에디아카라 구릉에서 그 시대의 생물 화석이 발견되었다. 그 생물은 '에디아카라 동물군' 이라고 불리고 있다. 그 외에도 다세포 생물에는 넙적한 잎사귀 같은 '디킨소

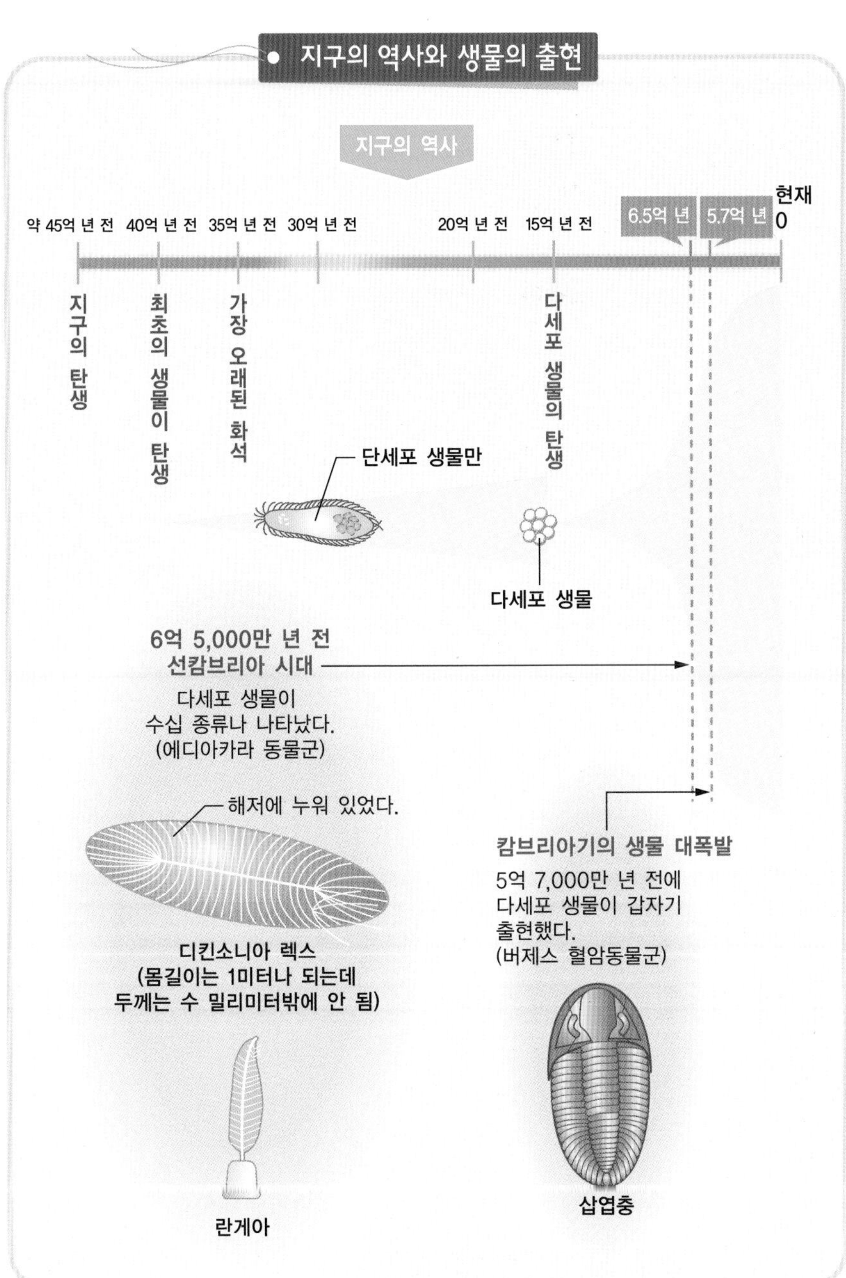

지구의 역사와 생물의 출현
지구의 역사
약 45억 년 전
40억 년 전
35억 년 전
30억 년 전
20억 년 전
15억 년 전
6.5억 년
5.7억 년
현재
0
지구의 탄생
최초의 생물이 탄생
가장 오래된 화석
다세포 생물의 탄생
단세포 생물만
다세포 생물
6억 5,000만 년 전
선캄브리아 시대
다세포 생물이
수십 종류나 나타났다.
(에디아카라 동물군)
해저에 누워 있었다.
디킨소니아 렉스
(몸길이는 1미터나 되는데
두께는 수 밀리미터밖에 안 됨)
란게아
캄브리아기의 생물 대폭발
5억 7,000만 년 전에
다세포 생물이 갑자기
출현했다.
(버제스 혈암동물군)
삼엽충

나보고 '단세포' 라고 놀려요. 제가 그렇게 단순해 보여요?
그건 단세포 생물한테 실례야.

니아' 나 부채 같은 모양을 한 '란게아나' '카르니아' 등이며, 해파리나 해면동물 같은 생물도 있었다.

이 당시의 모든 생물이 딱딱한 껍질을 가지고 있지 않은 것으로 보아, 당시는 포식자가 없는 평화로운 시대였다는 것을 알 수 있다. 또한 다세포 생물이 출현했다 하더라도 각각의 세포 사이에 그다지 분업은 이루어지지 않았을지도 모른다.

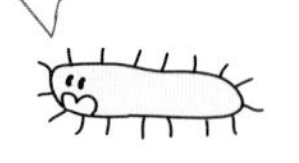

먹이 획득에서 섭취, 소화, 배설까지 하나의 세포로 뭐든지 해결한다니까~! 단순하다면 이렇게 살아갈 수 없어.

그런데 지금으로부터 약 5억 7,000년 전인 캄브리아기 초기부터 다세포 생물들이 갑자기 많이 출현한다. 이 시대의 대표적인 화석은 캐나다의 록키산맥에 있는 버제스 혈암(頁岩 : 물 밑바닥에서 굳은 진흙으로 이뤄진 암석의 일종)에서 발견되었는데, 이 '버제스 동물군' 중에는 딱딱한 갑옷으로 몸에 감싼 삼엽충 같은 생물이 많이 발견된다. 이 시대에 먹고 먹히는 관계인 약육강식의 세계가 된 것이다. 이렇게 해서 다종다양한 다세포 생물이 잇따라 등장하자 치열한 생존 경쟁이 벌어졌다. 그리고 그 과정에서 생물들은 더욱 복잡하게 진화하였다.

05

캄브리아기의 생물 대폭발

다 세 포 생 물 의 폭 발 적 진 화

캄브리아기는 고생대 초기의 시대(5억 7,000만 년 전부터 ~ 5억 500만 년 전까지의 6,500만 년간)로, 캄브리아기 초기에 다세포 생물이 폭발적으로 출현하여 동물의 종류와 수가 급증했다. 이 현상은 '캄브리아기의 생물 대폭발' 또는 단순히 '캄브리아 폭발' 이라고 불리는데, 선캄브리아 시대에는 수십 종 정도였던 생물이 캄브리아기에는 1만 종 가까이에 달했다. 폭발이라는 표현이 결코 과장이 아닌 것이다.

록키산맥의 버제스 혈암에는 약 5억 3000만 년 전인 캄브리아기 중기의 생물화석이 부드러운 부분도 남아 있을 정도로 잘 보존되어 있다.

그중에는 아주 기묘한 화석도 있는데 몸길이가 불과 7센티미터인 오파비니아가 가장 대표적이다. 오파비니아는 버섯모양의 눈을 5개나 가지고 있으며, 머리 앞에는 청소기 호스와 같은 파이프가 늘어져 있고, 그 끝에는 악어클립 같은 가위 모양의 돌기가 붙어 있다.

또 몸 앞부분은 새우, 뒷부분은 물고기 같은 모양을 한 넥토카리스나, 편평한 모양으로 머리에 한 쌍의 촉수, 몸에는 한 쌍의 배지느러미가 붙어 있는 아미스퀴아, 짚신 모양을 한 오돈토그리푸스 등 다양한 생물이 바다 속을 유유히 헤엄쳐 다녔다.

캄브리아 폭발에 의해 이러한 기묘한 생물이 등장했을 뿐만 아니라, 현재 동물계의 주요 그룹도 많이 출현했다. 더구나 이 시대에 나타난 동물들의 기본적인 몸의 구조(바디플랜)는, 지금까지도 계속 이어져 내려오고 있다. 예를 들면 버제스 동물군에서 발견된 캐나다스

● 버제스 혈암 동물군

오파비니아

몸길이 약 7센티미터

코끼리 코 모양의 기묘한 기관

눈은 5개

15개의 체절의 측면에는 1쌍씩 지느러미가 붙어 있다.

아노마로칼리스

몸길이 약 60센티미터 캄브리아기 초기 최대의 육식동물

14개의 체절로 나눠져 있다.

파인애플을 동그랗게 자른 듯한 입으로 삼엽충 등을 습격해서 잡아먹었다.

오돈토그리푸스

몸길이 약 6센티미터 '이가 생긴 수수께끼' 라는 의미의 짚신 모양의 동물

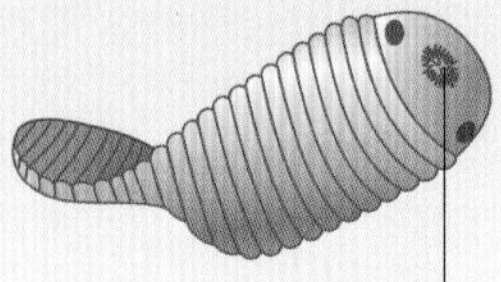

둥근 입 주위에 약 25개의 이빨 같은 돌기가 있다.

피스는 현재의 새우나 게 같은 절지동물군이며, 산크타카리스는 전갈이나 거미, 아이쉐아이아는 곤충, 고지아는 불가사리나 성게, 피카이아는 척추동물의 선조라고 한다.

또 살아 있는 생물을 먹는 '포식자'가 등장하여, 지금까지 평화로웠던 바다 속의 생태계가 큰 변화를 겪었다. 실제로 캄브리아기의 화석 중에는 포식자의 화석 이외에 상처 입은 포획물의 화석도 많이 발견되고 있다. 예를 들어 등골에 이빨 자국이 있는 삼엽충 화석이 발견되고 있는데, 그 자국은 몸길이 60센티미터에 달하는 캄브리아기 최대의 포식자, 아노말로카리스(기묘한 새우라는 의미)에 의해 입은 상처인 것으로 여겨진다.

[현생하는 새우나 게의 선조]
캐나다스피스
몸길이 약 7.5센티미터
쌍각류와 닮은
등껍질을 가짐

[생존하는 전갈이나 거미의 선조]
산크타카리스
몸길이 6센티미터
'신성한 발톱'이라는
의미의 절지동물

[척추동물의 선조]
피카이아
몸길이 약 5센티미터
원색동물인 창고기와
똑같은 모양을 하고 있다.

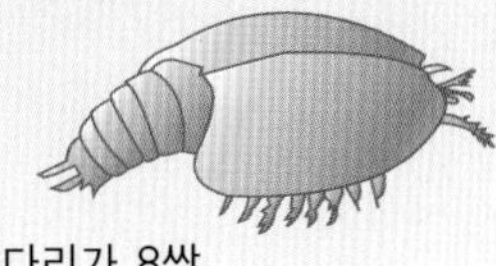

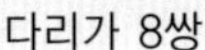

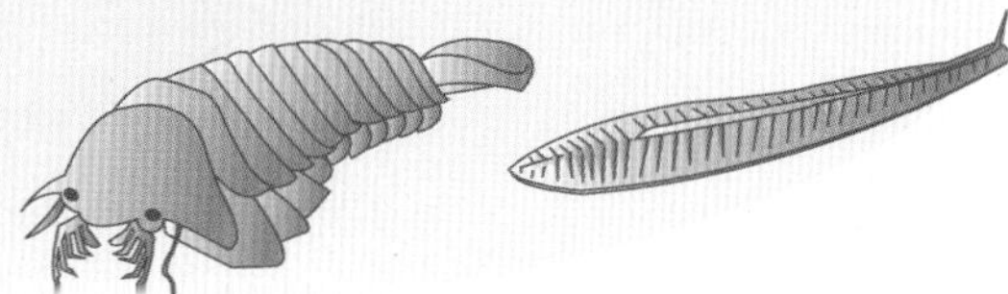

피식자 중에는 포식자로부터 몸을 지키기 위해서, 피식자는 단단한 껍질로 몸을 감싸거나 날카로운 가시로 무장하기 시작했다. 예를 들면 위왁시아는 타원형의 몸 전체가 비늘로 덮여 있고, 등에는 침봉 같이 긴 가시가 많이 튀어나와 있다. 또 할루키게니아는 원통 모양의 몸 위쪽에 7쌍의 길고 예리한 가시가 뻗어 있다.

06

사람에게도 아가미가 있다!?

생 물 끼 리 의 유 연 관 계

일본에서는 하관이 벌어진 사람에게 '아가미가 튀어나왔다' 고 말한다. 그런데 놀랍게도 사람도 아가미를 가지고 있는 시기가 있다. 믿기지 않겠지만, 어머니 뱃속의 태아는 몸이 물고기 같은 모양을 하고 있는 시기가 있는데, 그때 아가미를 갖고 있다. 하지만 그 아가미는 한 번도 사용하지 않은 채로 발생(알에서 성체가 되는 일) 중에 퇴화하여 버린다.

독일의 생물학자 헤켈(Ernst Heinrich Haeckel, 1834~1919)은 여러 동물의 태아의 모양을 조사하면서, 모든 태아가 발생 초기에는 서로 많이 닮았다는 것을 알아 냈다. 헤켈은 이것을 계기로 해서 어떤 동물이 알에서 성체가 되기까지의 과정(개체발생) 속에서, 그 동물이 과거에 걸어왔던 진화의 발자취(계통발생)를 더듬는다고 생각하고 '개체

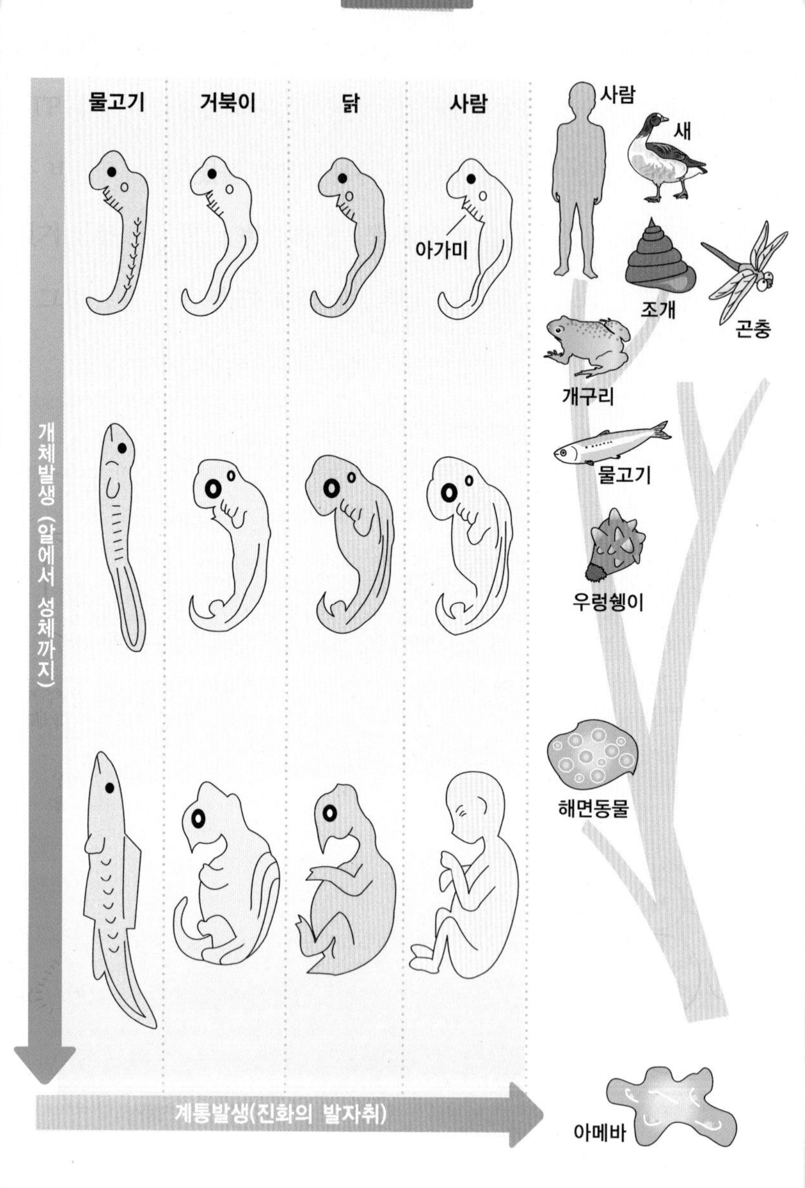

계통수
물고기
거북이
닭
사람
아가미
개체발생 (알에서 성체까지)
계통발생(진화의 발자취)
사람
새
조개
곤충
개구리
물고기
우렁쉥이
해면동물
아메바

발생은 계통발생을 되풀이한다' 라는 '발생반복설' 을 세웠다.

예를 들면 연어(어류), 거북이(파충류), 닭(조류), 사람(포유류)의 태아의 모양을 개체 발생 순서대로 배열해 보면, 모두 물고기 같은 모양을 하고 있는 시기가 있다는 것을 알 수 있다. 이 시기에는 어느 태아에게나 아가미가 있으며, 손발이 없는 대신에 긴 꼬리가 있다. 하지만 발생이 진행됨에 따라 거북이는 등딱지가 나타나는 등 조금씩 생물 종별로 개성이 나타난다. 이렇게 태아의 모양을 비교해 보면, 사람은 다른 척추동물과 친척관계에 있다는 것을 실감할 수 있다.

더구나 사람과 원숭이의 태아는 출산 직전까지 아주 닮았기 때문에 유연관계(모습이나 성질이 비슷해서 연관이 있는 것)가 아주 가깝다는 것을 알 수 있다. 반대로 사람과 물고기는 개체발생 초기부터 모양이 다르기 때문에 유연관계가 멀다.

이렇게 해서 지금까지 인간이 마음대로 정했던 유연관계(인위분류)를 자연적인 방법(자연분류)으로 정할 수 있게 되었고, 생물의 유연관계를 하나의 나무로 그린 계통수가 만들어졌다.

여러 생물의 게놈 해독이 진행되고 있는 요즈음은, 연구의 초점이 생물의 모양 차이와 같은 연구자의 주관이 개입되기 쉬운 성질에서 유전자 염기배열의 차이와 같이 주관이 개입되기 힘든 성질에 대한 비교로 바뀌었다. 생물종 간에 유전자를 비교함으로써, 생물끼리의 유연관계를 보다 자세히 객관적으로 조사할 수가 있게 되었다.

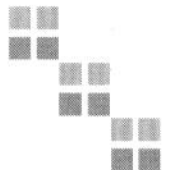

07

생물은 어떻게 상륙했는가?

식물이 먼저 상륙했고 동물은 훨씬 이후에 등장

지구 45억 년의 역사 중에서, 불과 5억 년 전까지도 육상에는 동물은커녕 식물도 전혀 없었다. 적갈색 육지에는 바위와 모래와 먼지뿐이었고, 지표에는 강렬한 자외선이 내리쬐고 있었다. 하지만 바닷속 식물의 광합성으로 만들어진 산소가 대기 중에 방출되어 오존층이 형성되었다. 그 때문에 지상에 내리쬐던 자외선이 약해져서 수면 가까이에서도 생존할 수 있게 되었다. 이렇게 해서 생물이 상륙할 계기가 만들어진 것이다.

최초로 상륙한 식물은 녹조에서 진화한 이끼 같은 식물이었다고

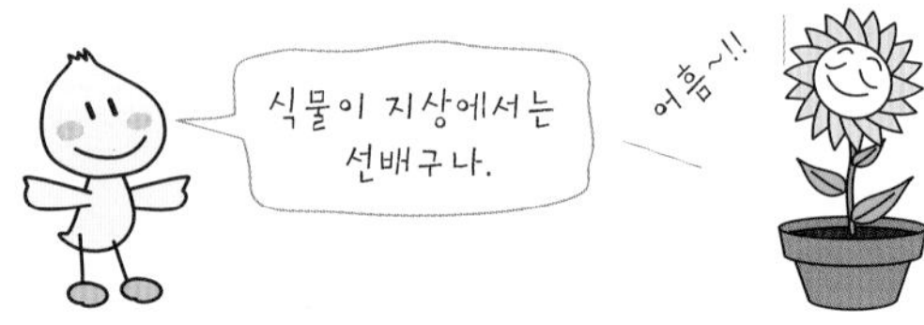

생각된다. 하지만 이끼식물의 화석이 없기 때문에 식물이 언제쯤, 어떤 방법으로 상륙했는지는 확실치 않다.

화석으로 남은 가장 오래된 육상식물은 지금으로부터 4억 2,000만 년 전의 고생대 실루리아기 지층에서 발견된 높이 1센티미터 정도의 양치류, 쿡크소니아이다. 이 식물의 구조는 아주 단순해서 잎이나 뿌리가 없으며, 줄기가 모인 것에 지나지 않았다. 하지만 식물의 상륙이 일단 성공하자 비교적 짧은 시간에 삼림이 형성되었다. 식물이 상륙을 개시한 지 3,000만 년 후인, 지금으로부터 3억 9,000만 년 전의 데본기 중기에는 물가에 석송류나 속새, 양치류가 자랐고, 사람 키보다도 훨씬 큰 양치식물도 출현했다.

식물의 상륙에 이어 동물들도 상륙을 시작했다. 우선 4억 1,000년 전인 고생대 데본기 초기에는 원시적인 거미나 곤충, 조개류가 상륙했다. 거미나 곤충 등의 절족동물은 모두 방수층으로 둘러싸인 외골격을 가지고 있기 때문에 상륙해서도 수분을 잃지 않고, 중력에 대항해서도 몸을 지탱할 수 있었다. 더구나 그들은 물밑을 걷기 때문에 발을 가지고 있으며, 호흡 방법도 그다지 바꾸지 않은 채 육상에 적응할 수가 있었다. 즉, 원래 상륙하기 쉬운 몸 구조를 가지고 있었던 것이다.

하지만 척추동물이 상륙하기 위해서는 몸 구조를 여러 가지로 바꿀 필요가 있었다. 예를 들면 헤엄에서 보행으로 이동 방식을 바꾸

● 생물의 상륙

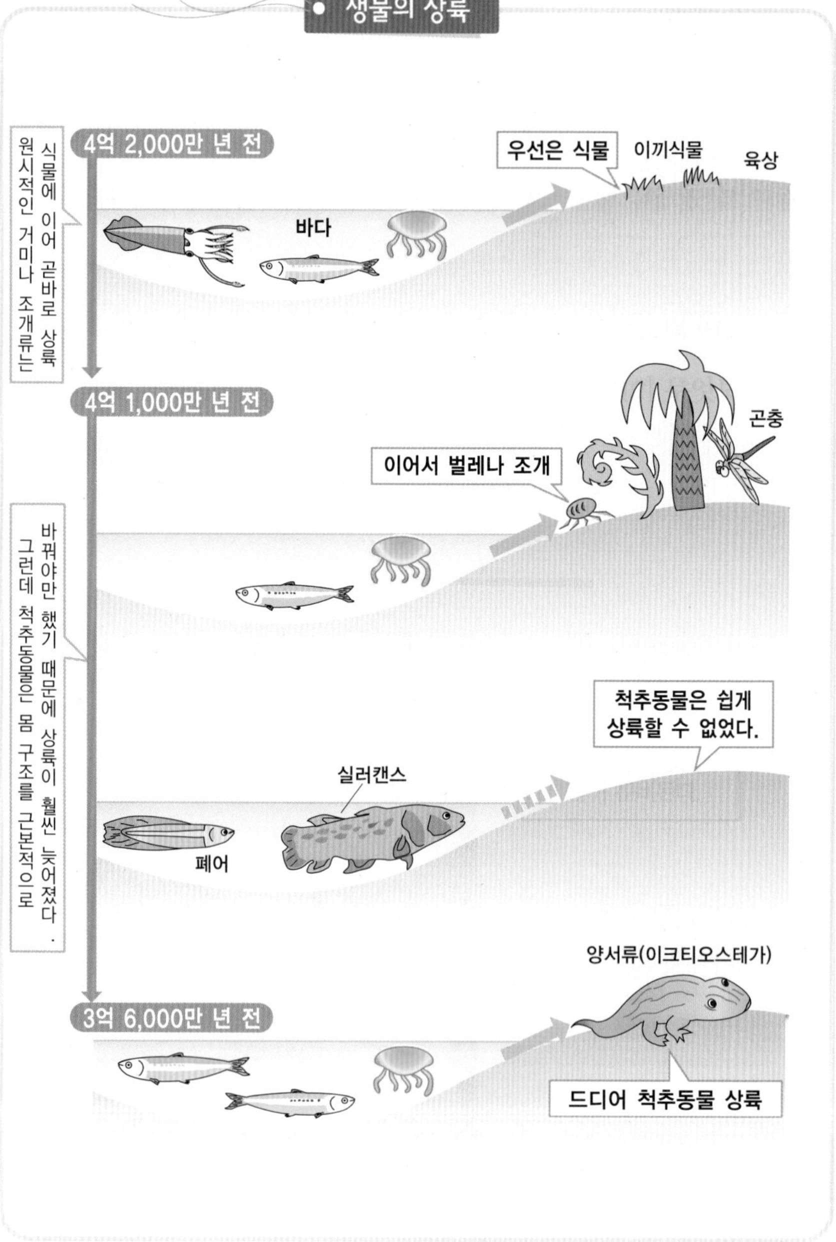

4억 2,000만 년 전

원시적인 거미나 조개류는 식물에 이어 곧바로 상륙

우선은 식물

이끼식물

육상

바다

4억 1,000만 년 전

이어서 벌레나 조개

곤충

그런데 척추동물은 몸 구조를 근본적으로 바꿔야만 했기 때문에 상륙이 훨씬 늦어졌다.

척추동물은 쉽게 상륙할 수 없었다.

실러캔스

폐어

양서류(이크티오스테가)

3억 6,000만 년 전

드디어 척추동물 상륙

고, 몸을 지탱하기 위해 튼튼한 내골격을 만들 필요가 있었던 것이다. 호흡 방법도 아가미 호흡에서 폐 호흡으로 바꾸고, 또 건조를 막기 위해 표피도 만들어야 했다.

이 때문에 곤충보다 약 5,000만 년 늦은, 지금으로부터 3억 6,000만 년 전인 데본기 말기가 되어서야 드디어 척추동물이 상륙에 성공했다. 최초의 육상 척추동물은 동그린랜드의 바위산에서 발견된 이크티오스테가인데, 이들은 폐어나 실러캔스와 같은 종류(육기류)인 유스테노프테론에서 진화했다. 또한 이크티오스테가는 최고의 양서류로서 열대 습지대에서 악어처럼 수륙양용 생활을 했으리라 짐작간다.

08

새는 정말 공룡의 자손인가?

변하는 공룡의 이미지

공룡은 지금으로부터 2억 2,500만 년 전인 중생대 트라이아스기에 등장하여 6,500만 년 전인 중생대 백악기 말에 멸종할 때까지, 약 1억 6,000만 년에 걸쳐서 계속 번성했다. 지구상에 최초의 인류가 등장한 것은 지금으로부터 500만 년 정도 전이었으므로, 공룡이 번성

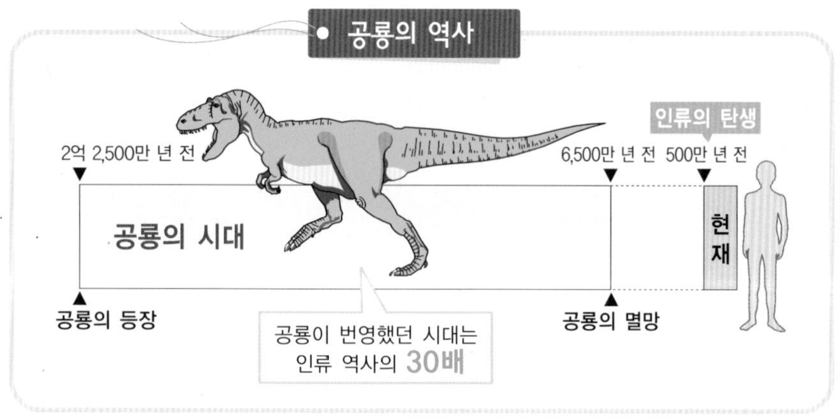

한 기간은 인류 역사의 30배나 된다.

공룡이 멸종한 후, 살아남은 동물 중에서 공룡에 가장 가까운 동물은 악어라고 생각하는 사람들이 많다. 과연 그럴까? 육식공룡인 티라노사우루스나 디노니쿠스는 움직임이 재빨랐을 것으로 추정되는데 비해, 변온동물로 거의 제자리에서 움직이지 않는 악어는 공룡과는 꽤 거리가 먼 것이 아닐까? 더구나 공룡이 번성했던 시절에 이미 악어가 있었기 때문에 공룡이 살아남은 것이 악어라고 생각하기는 어렵다.

그렇다면 오늘날까지 살아남은 공룡의 후손은 과연 무엇일까? 〈쥬라기 공원〉이라는 영화에 나오는 흉포한 육식공룡 티라노사우루스의 발톱을 보고 닭 발톱과 비슷하다고 느낀 사람이 많을 것이다. 공룡이 살아남은 것은 의외로 조류인 것이다.

최근에 중국 동북부의 1억 4,700만~1억 2,500만 년 전 지층에서 보존 상태가 좋은 공룡 화석이 몇 개 발견되었는데, 그중에는 전신이 깃털로 덮인 것이 있었다. 그 골격을 조사해 봤더니, 육식공룡의 일종인 드로마에오사우루스에 가까운 신종 육식공룡, 딜로포사우루스였다. 이 공룡이 조류의 조상이었다면, 깃털은 날기 위한 것이 아니라, 체온을 유지하기 위해 발달했다는 것을 나타내는 증거가 된다.

만약에 새가 공룡의 자손이라고 한다면, 공룡은 악어와 같은 변온동물이 아니라 조류와 같이 항온동물이여야 하며, 추워져도 체온을 유지할 수 있어야 한다. 특히 소형 육식공룡들은 사냥을 가거나 무리를 만들거나 알을 품는 등 꽤 고도의 행동을 취했다고 하는 상황 증거도 많다. 더구나 전 세계에서 공룡 발굴이 진행됨에 따라, 그 당시 남극이었던 장소에도 공룡이 서식했었다는 것을 알게 되었다.

공룡이 항온동물이었다고 하는 온혈설에는 아직까지 반론도 많다. 공룡의 정확한 모습은 더 많은 화석이 발굴되면서 점차 밝혀질 것이다.

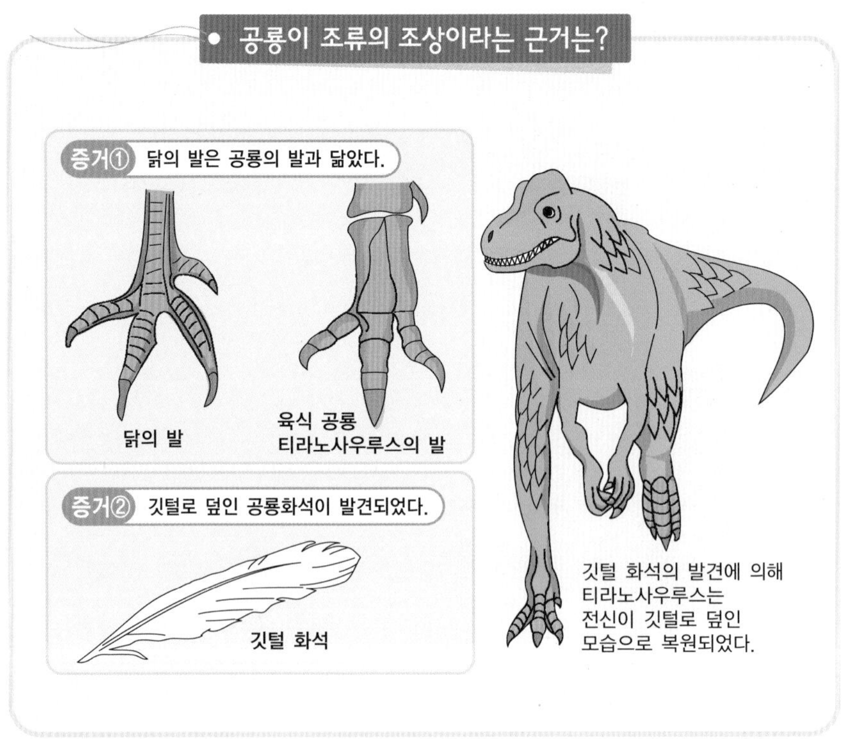

● 공룡이 조류의 조상이라는 근거는?
증거① 닭의 발은 공룡의 발과 닮았다.
닭의 발
육식 공룡
티라노사우루스의 발
증거② 깃털로 덮인 공룡화석이 발견되었다.
깃털 화석
깃털 화석의 발견에 의해
티라노사우루스는
전신이 깃털로 덮인
모습으로 복원되었다.

09

생물의 대멸종

화 산 이 원 인 인 가 ? 운 석 이 원 인 인 가 ?

지금으로부터 약 6,500만 년 전인 중생대 백악기 말에 지구에 거대한 운석이 충돌하여 공룡이 멸종했다는 설은 잘 알려져 있다. 하지만 실은 지구상에서는 그것을 포함하여 무려 5번이나 대멸종이 있었다.

최대 규모의 대멸종은 약 2억 5,000만 년 전, 고생대와 중생대 사이에 일어났다. 바다에 사는 무척추동물(등뼈가 없는 동물)의 90퍼센트가 죽어 없어지고, 육상에 사는 파충류 등 많은 척추동물도 멸종했다. 이때, 3억 년이나 계속 번성하던 삼엽충조차도 멸종했다. 또한 그 수천만 년 전에도 큰 멸종이 발생했다는 것이 밝혀져, 고생대 말의 생물 대멸종은 2단계로 진행되었다는 것을 최근에야 알게 되었다. 이 대멸종의 원인에 대해서는 이상한 화산활동이 수천만 년 사이의 간극을 두고 2번 있었고, 그것을 계기로 지구 전체가 산소결핍 상태가 되었다는 설이 유력하다.

그런데 대멸종의 시기를 잘 검토해 보면, 그것이 불규칙적으로 발생했던 것이 아니라, 약 2,600만 년 주기로 발생했다는 것을 알 수 있다.

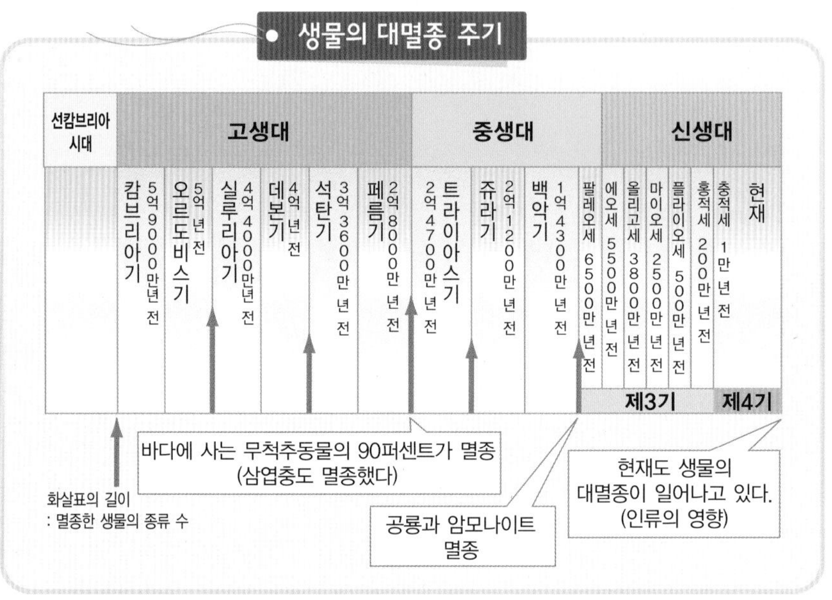

이것 때문에 대멸종의 원인이 우주에 있는 것이라고 생각하는 사람들이 나타났다. 미지의 별이 태양 근처를 약 2,600만 년 주기로 통과할 때 혜성이 많이 모여 있는 장소를 휘젓기 때문에 궤도를 이탈한 혜성 중 일부가 지구에 충돌하여 환경의 극적인 변화를 초래한다는 설이다. 하지만 그 미지의 별은 발견되지 않고 있으며, 하나의 가설에 지나지 않고 있다.

그런데 중생대 말의 대멸종이 운석이 지상에 충돌해서 발생했다고 하지만 상당히 오랜 기간에 걸쳐 이루어졌다. 미국 몬타나 주와 캐나다의 브리티시콜롬비아 주에서 행해진 조사에 의하면, 공룡의 쇠퇴는 백악기 후기의 200만 년에 걸쳐 서서히 진행되다가 마지막 30만 년에 멸종 속도가 가속되었다고 한다. 이때 흥미롭게도 공룡 종류의 감소와는 대조적으로 원시적 포유류의 화석이 점차 증가하고 있다. 하지만 일부 공룡은 신생대 초기까지 살아남은 것으로 추측되는데, 그 증거도 세계 각지에서 발견되고 있다.

별로 알려져 있지 않지만, 현재는 중생대 말에 대멸종보다 훨씬 빨리 멸종이 진행되고 있다. 월드워치연구소에 의하면, 공룡시대에는 1년에 1~3종 정도가 멸종했지만 현재는 적게 잡아도 1년에 1,000여 종이 멸종하고 있으며 이 상태로라면 앞으로 수십 년 내에 전 생물종의 약 4분의 1이 멸종해 버릴 우려가 있다고 한다.

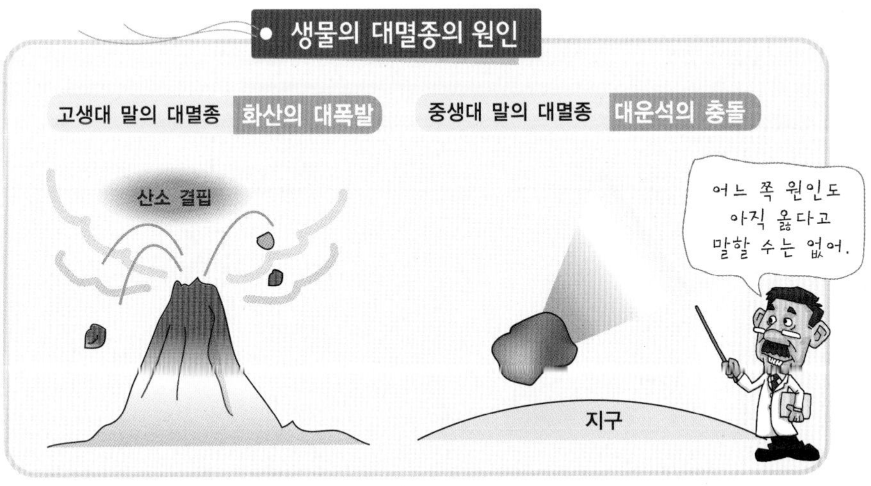

10 진화론

용불용설과 자연선택설

생물학의 여러 연구 분야 중에서도 진화를 증명하는 것이 가장 어려운 일이라 여겨지고 있다. 왜냐하면 실험실에서 진화를 재현하는 것은 아주 힘들기 때문이다.

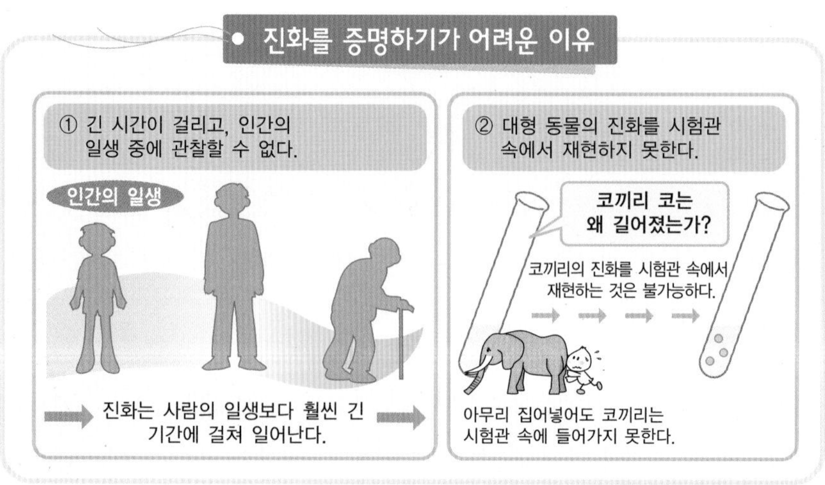

진화를 증명하기가 어려운 이유
① 긴 시간이 걸리고, 인간의 일생 중에 관찰할 수 없다.
인간의 일생
진화는 사람의 일생보다 훨씬 긴 기간에 걸쳐 일어난다.
② 대형 동물의 진화를 시험관 속에서 재현하지 못한다.
코끼리 코는 왜 길어졌는가?
코끼리의 진화를 시험관 속에서 재현하는 것은 불가능하다.
아무리 집어넣어도 코끼리는 시험관 속에 들어가지 못한다.

세대 교체가 빠른 미생물이라면 시험관 속에서 진화를 관찰할 수 있지만, 코끼리 코가 어떻게 길어졌는지 같은 대형동물의 진화를 실험을 통해 조사하는 것은 도저히 불가능하다. 또 진화에는 시간이 걸리기 때문에 인간의 일생 동안 진화의 과정을 처음부터 끝까지 관찰하는 것은 무리이다. 컴퓨터를 이용해서 시뮬레이션으로 진화를 볼 수는 있지만, 실제 자연계에서 진화가 그 시뮬레이션대로 진행된다고는 말할 수 없다.

진화 연구에는 이러한 갖가지 제약이 있기 때문에 연구자들은 여러 가지 진화론을 전개해 왔다. 처음으로 과학적인 진화론을 제창한 사람은 프랑스의 박물학자 라마르크(Jean Lamarck, 1744~1829)였다. 그는 기린 목이나 코끼리 코와 같이 '자주 쓰는 기관은 발달하고, 개체가 획득한 형질은 유전에 의해 자손에게 전달된다(용불용설)' 고 주장했다.

한편 영국의 박물학자 다윈(Charles Darwin, 1809~1882)은 이 항해 해군의 측량선 '비글호'에 승선하여 남미와 오스트레일리아, 남태평양의 섬들을 돌아다녔다. 도중에 들른 갈라파고스 제도에서 동물들을 관찰하면서, 코끼리거북이 등 많은 동물들이 섬마다 조금씩 형태에 차이가 있다는 것을 발견했다. 그리고 자연선

여기서 잠깐

라마르크는 '태어난 후에 획득한 형질이 자손에게 유전된다'고 했다. 다윈도 라마르크의 영향을 받아서 그의 진화이론 속에 획득형질의 유전 메카니즘을 일부 받아들였다. 하지만 다윈 이후에 다윈의 진화론을 더욱더 발전시킨 네오다위니즘의 진화론에서는 라마르크에 의한 '획득형질의 유전'은 거의 인정하지 않았다.

택설이라는 독자적인 진화론을 1858년에 발표한 것이다. 자연선택설에서는 부모가 많은 자식을 낳기 때문에 자식들끼리 생존경쟁이 일어나며, 이 과정에서 생존에 적합한 유전자변이를 가진 자가 살아남아 자신의 형질을 자손에게 물려준다는 것이다. 이 설은 부분적으로 수정되면서 오늘날 진화론의 주류가 되었다.

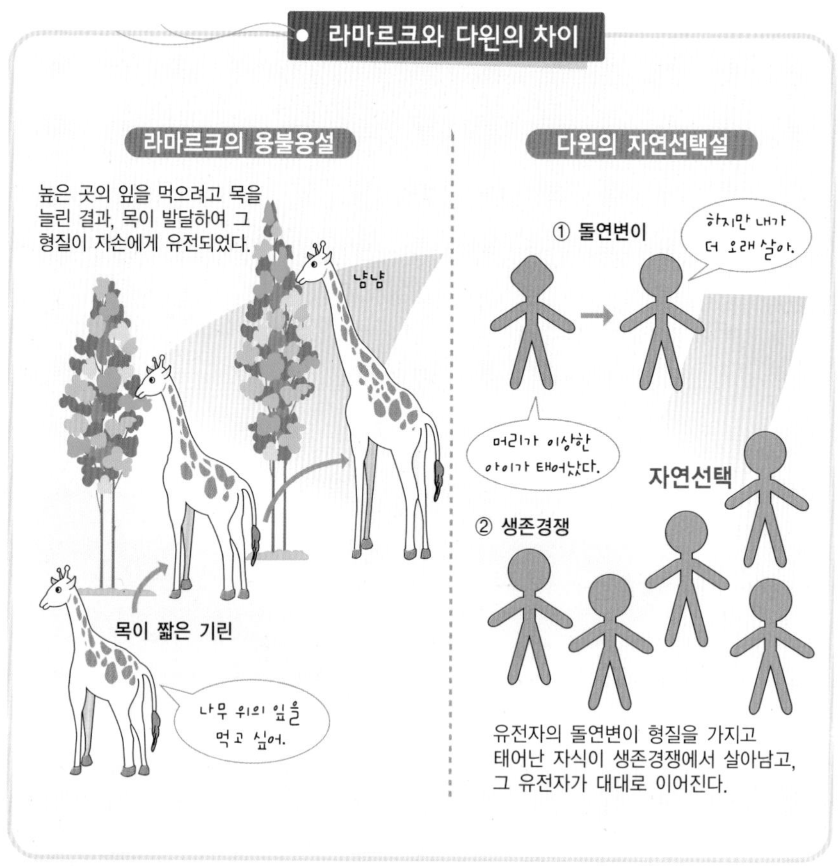

11

원숭이에게 배우는 인간의 내력

원숭이와 인간의 차이점은 무엇인가?

오랑우탄이나 고릴라의 아기는 어느 정도 사람과 닮았다. 그러나 성장하면서 이마가 튀어나오고 턱이 발달하면서 인간과는 상당히 다른 모습이 되어 버린다. 유인원의 아이가 그대로 성숙한 인간으로 진화했다고 하는 '유형진화설'은 여기서 나온 것이다.

실제로 인간의 아기는 원숭이보다 훨씬 어린 상태로 태어난다. 하지만 일정 기간 동안 두개골이 여러 조각으로 나뉘어지기 때문에, 뇌가 원숭이의 4배 정도로 크게 발달할 수 있다. 그 덕분에 원숭이에 비해 몇 백만 배나 되는 기억 저장 공간을 확보할 수 있다고 한다.

그럼 인간과 원숭이는 유전자 관계에서 어느 정도 다를까? 실은 인간과 침팬지 사이에 유전자의 변이는 고작 1.23퍼센트 밖에 안 된다. 하지만 이 변이 속에 '인간화'와 연관된 유전자가 있을 것이다.

원숭이와 인간의 차이

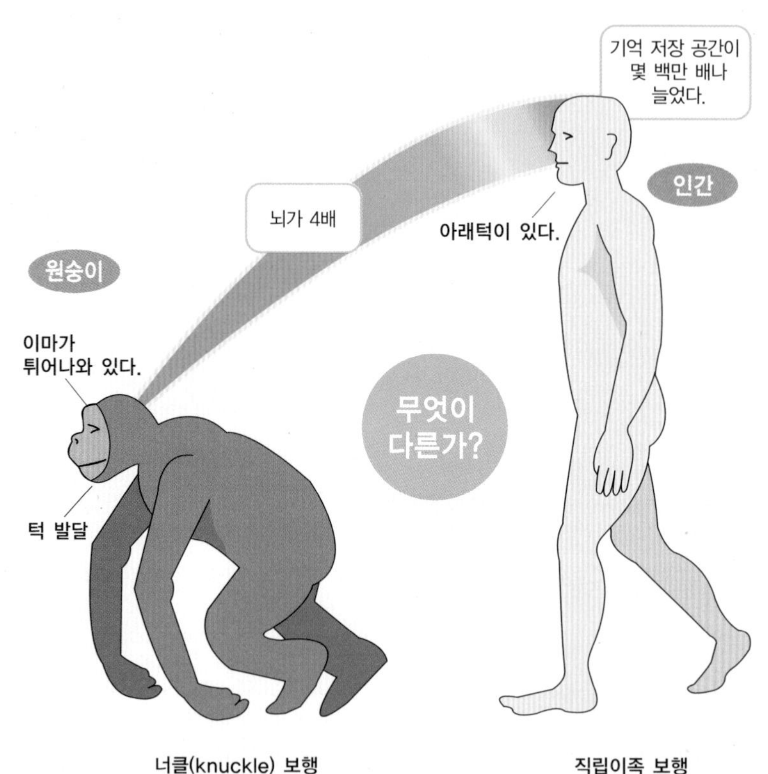

'원숭이와 인간은 유전자 단계에서 얼마나 다른가?'를 조사하기 위해서 유인원게놈계획이 진행 중이다.

바로 그것이 직립이족보행이나 지능 발달, 언어 능력과 인간만의 특징을 가능하게 한 것이다.

한편, 인간과 원숭이는 유전자의 종 내 변이(같은 종끼리의 차이)에 꽤 차이가 있다. 예를 들면 침팬지에서 종 내 변이는 0.5%나 되는데, 인간에게는 0.1~0.15%정도밖에 되지 않는다. 즉, 침팬지의 종 내 변이는 인간의 4배나 된다. 이 때문에 인간게놈과 원숭이게놈을 비교함으로써 '종이란 무엇인가?' 라는 근본적인 의문에 대한 답을 얻을 수 있을지에 대해 회의적으로 바라보는 시각도 있다.

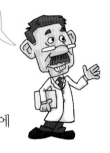

그럼, 그 1.23퍼센트 속에
원숭이와 인간을
구분하는 중요한 유전자가
있는 거군요.

chapter 4

생명을 유지하는 몸의 역할

"세포는 항상 새로운 재료를 받아들여서 또다시 새로운 세포를 만든다.
그럼으로써 사람의 생명이 유지되는 것이다."

먹고 호흡하는 것은 생명 유지의 기본 활동이다. 지금 먹고 있는 고기가 결국은 피와 살이 되고, 지금 들이마시는 공기가 결국은 우리 몸을 움직이는 에너지가 된다. 앞 장에서 배운 것처럼 세포에도 수명이 있다. 하지만 세포는 항상 새로운 재료를 받아들여서 또다시 새로운 세포를 만든다. 그럼으로써 사람의 생명이 유지되는 것이다. 어제와 오늘, 내일을 살아가는 것은 사실 굉장히 신비로운 일이다. 이 장에서는 '살아가기 위해서 세포가 만들고 있는 것'에 대해 자세하게 살펴보자.

01 몸 속의 물질은 끊임없이 교체되며 유지되고 있다

체내의 화학 변화

현재의 나와 10년 후의 나는 과연 똑같을까? 당연히 똑같다고 대답할 것이다. 그러나 피부나 근육뿐만 아니라 뼈처럼 얼핏 보기에 평생 변하지 않을 것처럼 보이는 것까지, 몸 속의 물질은 제 명을 다하

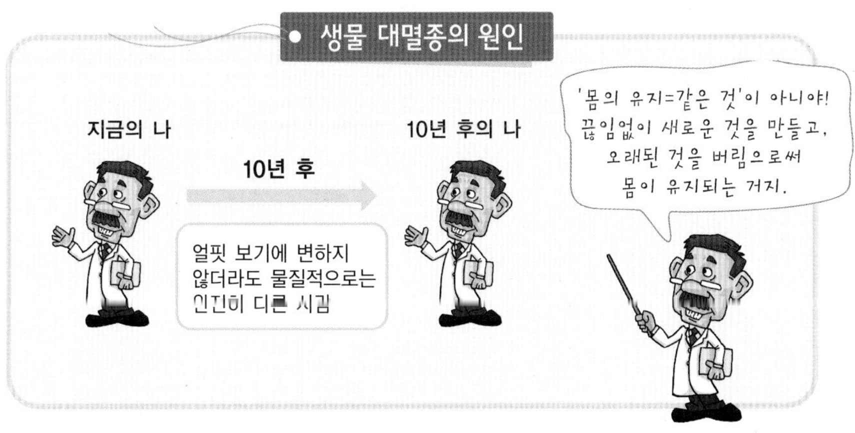

면 분해되고 버려진 후 다시 새로운 물질로 교체된다. 따라서 물질이라는 측면에서 보면 10년 후의 나는 지금의 나와 전혀 다른 사람이 된다.

물론 뇌 속에 포함된 물질도 바뀌기 때문에, 10년 후에 몸뿐만 아니라 생각까지 완전히 바뀐다 해도 그리 신기한 일은 아닐 것이다.

생물은 새로운 물질을 만들기 위해서, 음식물 또는 영양분을 섭취한다. 동물의 경우, 음식물이 소화되어 다른 물질로 변화하면 체내에 흡수되어 새로운 물질이 만들어져서 뼈나 근육이 형성된다.

즉, 먹은 것이 그대로 사용되는 것이 아니라 몸 속에서 필요한 성

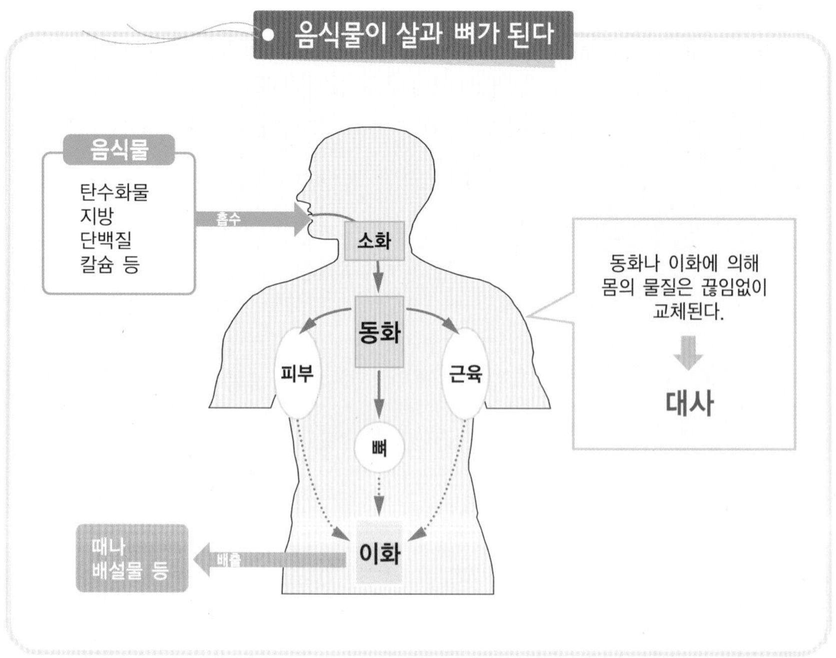

분으로 다시 만들어지는 것이다.

이처럼, 바깥에서 들어온 물질이 몸 속에서 다른 물질로 변화하는 것을 '대사' 라고 한다. 그리고 대사 중에서도 어떤 물질이 분해되어 그것보다 작은 물질이 되는 것을 '이화', 몇 개의 물질에서 하나의 물질을 만드는 것을 '동화' 라고 한다.

대사를 하는 것은 생물을 특징짓는 가장 큰 성질이다. 암석이나 기계 등과 같은 무생물은 대사가 일어나지 않기 때문이다(단, 휴면 중인 식물의 종자 등은 예외이며, 역시 잠자고 있는 생물도 대사를 하지 않는다).

그렇다면 몸 속에서 대사는 어떤 식으로 진행될까? 효소라는 물질이 이 역할을 하고 있는데, 효소는 몸 속으로 들어오는 여러 물질을 분해하거나 합성한다. 자세한 것은 다음 항목에서 설명하겠지만, 효소는 각각 정해진 상대와 결합하여 그것을 분해하거나 2종류 이상의 물질을 끌어들여서 이어주는 역할을 하고 있다. 몸 속에서 오래된 물질은 이 효소에 의해 부서져서 바깥으로 배출되고, 새로운 물질이 합성되어 그것과 교체되는 것이다.

02 효소는 세제에만 있는 것이 아니다

효소의 역할

효소라고 하면, 빨래할 때 쓰는 세제를 가장 먼저 생각하는 사람이 꽤 있을 것이다. 하지만 효소는 옷 등에 묻어 있는 때를 없앨 뿐만 아니라, 몸 속에서도 여러 가지 역할을 하는 물질이다. 우리 체내에서는 호흡할 때도, 운동할 때도, 그리고 음식을 소화할 때도, 어떤 물질이 화학반응을 일으켜서 다른 물질로 변화하는데 이때 효소가 필요하다.

예를 들면, 우리는 공기 중에 있는 산소를 들이마시고 이산화탄소를 내뱉는데, 그때 효소가 중요한 역할을 한다. 더 자세하게 설명하자면 체내에 모아 둔 탄수화물이 분해될 때, 거기에 포함된 탄소가 공기 중에서 빨아들인 산소와 결합하여 이산화탄소가 만들어진다. 이때 여러 가지 역할을 가진 효소가 화학반응을 원활하게 진행하는 촉매로 작용하고 있다. 여기서 중요한 것은 효소는 화학반응을 도와줄 뿐이며, 반응 전후에도 효소 자체는 변화하지 않는다는 것이다.

그럼 왜 이와 같은 화학반응에 효소가 필요한 것일까? 우선 종이가 탈 때의 상황을 상상해 보자. 종이는 탄소를 포함하는 셀룰로오스라는 물질로 만들어져 있는데, 공기 중에서 산소와 화합하려면 반드시 수백 도라는 고온을 유지해야 한다. 그와 마찬가지로 만약 체내에도 효소가 없다면 화학반응을 일으키기 위해서 몸의 온도를 수백 도까지 올려야 한다.

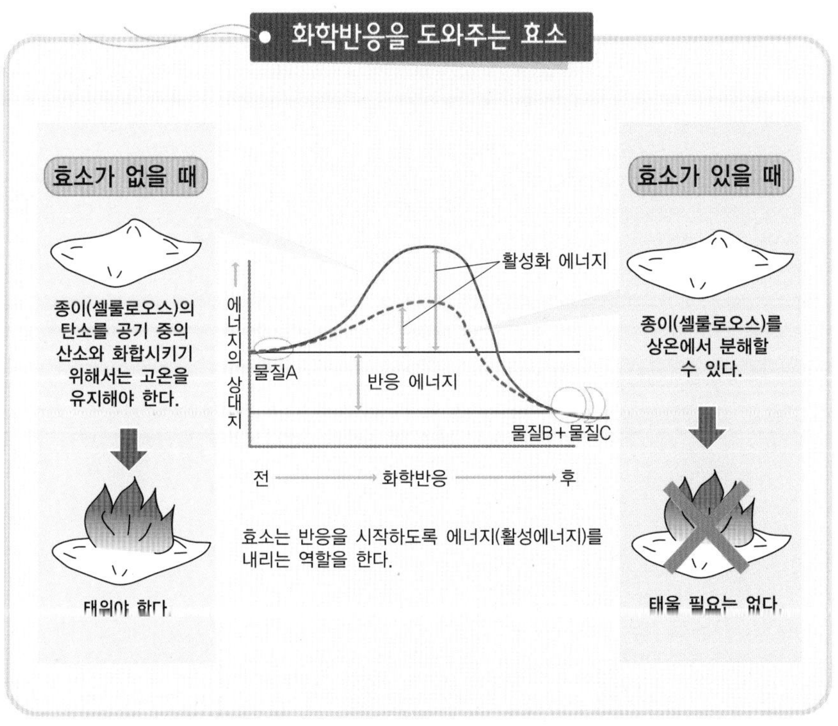

하지만 그렇게 하면 생명을 유지할 수 없으므로, 체온(36도 전후)에서도 화학반응을 원활하게 진행시키기 위해서 효소가 필요하다.

효소의 정체는 단백질이라는 물질이다. 단백질은 고기나 생선, 그리고 콩류 등에 많이 포함되어 있다. 고기나 생선은 구우면 단백질이 변성해서 두 번 다시 원상태로 돌아오지 않는다. 그와 마찬가지로 효소도 열에 약하고, 고온에 노출되면 곧바로 제 역할을 못하게 되어 다시 원상태로 돌아오지 않는다.

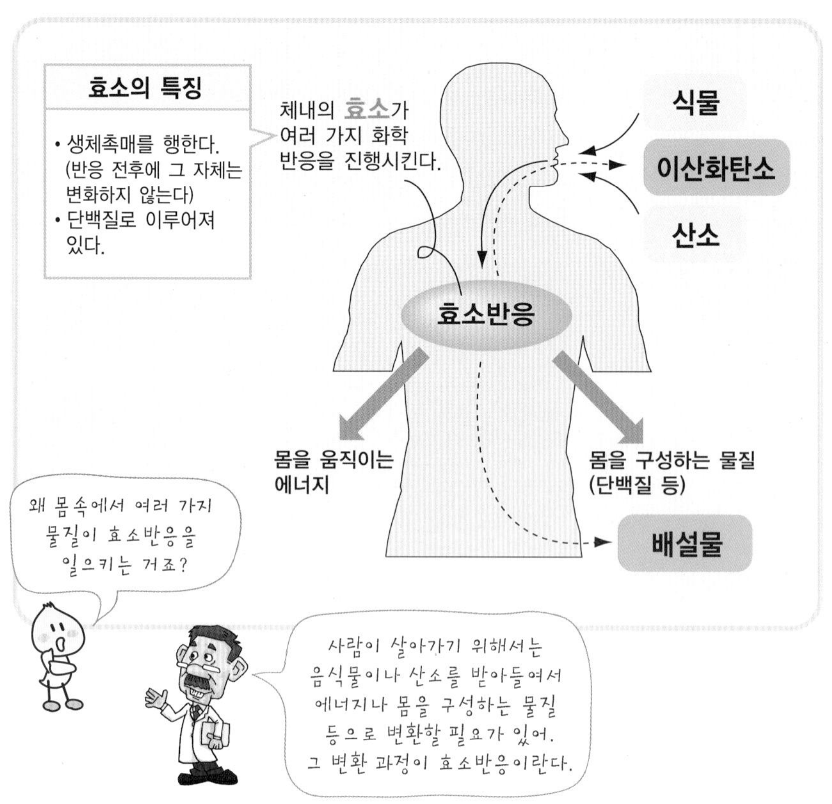

효소의 특징
• 생체촉매를 행한다. (반응 전후에 그 자체는 변화하지 않는다)
• 단백질로 이루어져 있다.
체내의 효소가 여러 가지 화학 반응을 진행시킨다.
식물
이산화탄소
산소
효소반응
몸을 움직이는 에너지
몸을 구성하는 물질 (단백질 등)
배설물
왜 몸속에서 여러 가지 물질이 효소반응을 일으키는 거죠?
사람이 살아가기 위해서는 음식물이나 산소를 받아들여서 에너지나 몸을 구성하는 물질 등으로 변환할 필요가 있어. 그 변환 과정이 효소반응이란다.

03

호흡에는 2가지 의미가 있다

외 호 흡 과 내 호 흡

우리는 깨어 있을 때도 자고 있을 때도, 무의식 중에 호흡을 하고 있다. 호흡을 함으로써 공기 중에 들어 있는 산소를 빨아들이고 이산화탄소를 내뱉는다. 이것은 폐에서 행해지기 때문에 '폐호흡', 또는 외부와

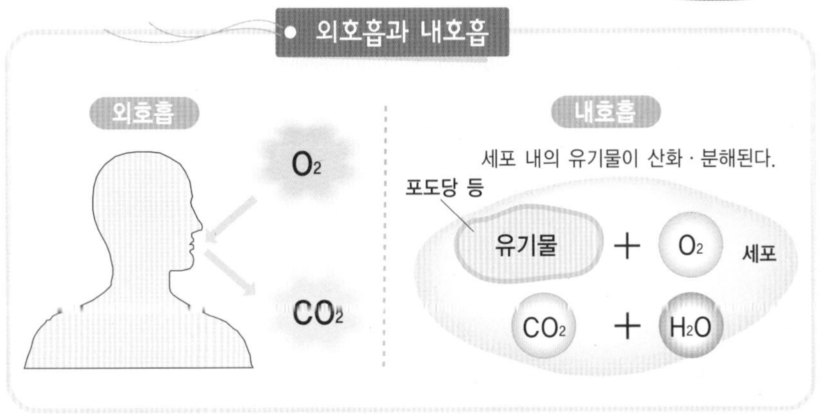

내호흡은 체내에서
포도당 등의 유기물을
분해하여 몸을 움직이는
에너지를 만드는
과정이다.

폐 사이에서 가스 교환을 하는 일이기 때문에 '외호흡'이라고도 한다. 그런데 폐호흡 말고도, 또 다른 호흡이 있다. 세포는 유기물을 분해해 에너지를 만드는 과정에서 호흡을 하는데, 이것을 외호흡과 대비하여 '내호흡'이라고 한다.

내호흡에서는 세포 내의 탄수화물이나 지방 등의 유기물이 산화·분해되는데, 그 과정에서 발생하는 에너지를 사용하여 ATP라는 화학물질을 만들어 낸다. ATP(아데노신삼인산)는 생물이 운동하거나 성장하는 데 필요한 물질을 합성하는 등 여러 가지 생활 활동을 할 때 필요한 에너지원이 된다(ATP에 대해서는 다음 항목에서 더 자세하게 설명하겠다).

대표적인 예로 탄수화물을 포도당으로 만드는 내호흡에 대해 자세히 살펴보자. 포도당($C_6H_{12}O_6$)은 내호흡에 의해 이산화탄소(CO_2)와 물(H_2O)로 분해된다. 이 과정에서 많은 화학반응이 연속적으로 일어나며, 각 반응은 각각 다른 효소의 도움에 의해 이루어진다.

내호흡의 반응은 다음 세 단계로 크게 나눌 수 있는데, (1)해당계, (2)구연산회로(크렙스회로, ATP회로), (3)수소전달계(전자전달계)가 그것이다.

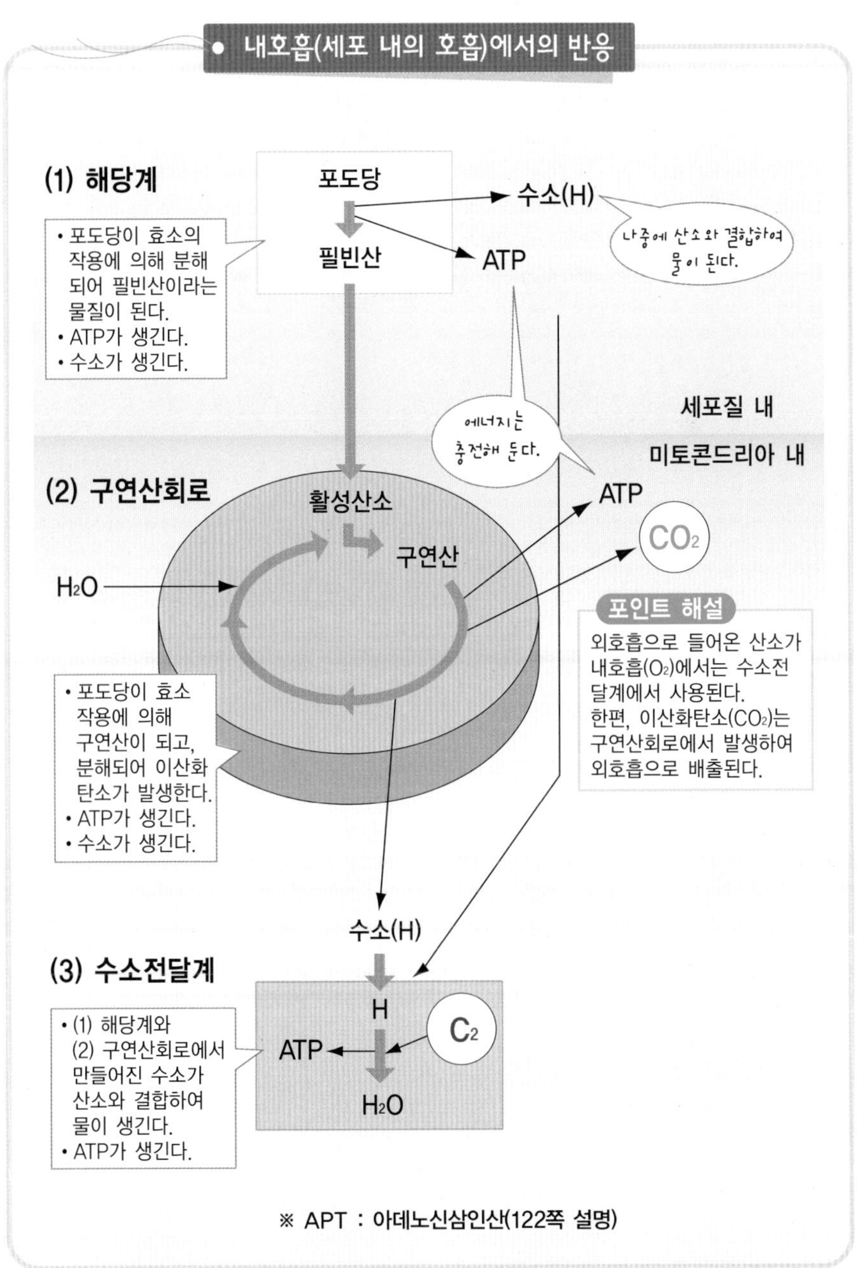
내호흡(세포 내의 호흡)에서의 반응
(1) 해당계
포도당
수소(H)
필빈산
ATP
나중에 산소와 결합하여 물이 된다.
• 포도당이 효소의 작용에 의해 분해되어 필빈산이라는 물질이 된다.
• ATP가 생긴다.
• 수소가 생긴다.
에너지는 충전해 둔다.
세포질 내
미토콘드리아 내
(2) 구연산회로
활성산소
구연산
ATP
CO_2
H_2O
포인트 해설
외호흡으로 들어온 산소가 내호흡(O_2)에서는 수소전달계에서 사용된다.
한편, 이산화탄소(CO_2)는 구연산회로에서 발생하여 외호흡으로 배출된다.
• 포도당이 효소 작용에 의해 구연산이 되고, 분해되어 이산화탄소가 발생한다.
• ATP가 생긴다.
• 수소가 생긴다.
수소(H)
(3) 수소전달계
H
C_2
ATP
H_2O
• (1) 해당계와 (2) 구연산회로에서 만들어진 수소가 산소와 결합하여 물이 생긴다.
• ATP가 생긴다.
※ APT : 아데노신삼인산(122쪽 설명)

해당계는 세포질에서 일어나며, 포도당이 분해되어 필빈산이 되는 과정이다. 다음 구연산회로와 수소전달계는 모두 미토콘드리아에서 일어난다. 미토콘드리아에 들어간 필빈산은 우선 구연산이 되고, 그 후 여러 가지 물질을 거쳐 점차 분해되어 이산화탄소가 발생한다. 해당계나 구연산회로에서는 수소가 생겨서 수소전달계를 거쳐 최종적으로 산소와 결합하여 물이 생긴다. 그때 다량의 에너지가 방출되어 그 에너지로 ATP가 생산되는 것이다.

04 에너지 통화 ATP

생명 활동에 필요한 에너지원

ATP는 어떤 화학물질일까? ATP의 정식 명칭은 '아데노신삼인산'이라고 한다. 아데노신은 핵산에 들어 있는 염기의 일종인 '아데닌'과 당의 일종인 '리보오스'가 결합한 물질로, 여기에 인산이 3개 직렬로 결합한 것이 ATP이다.

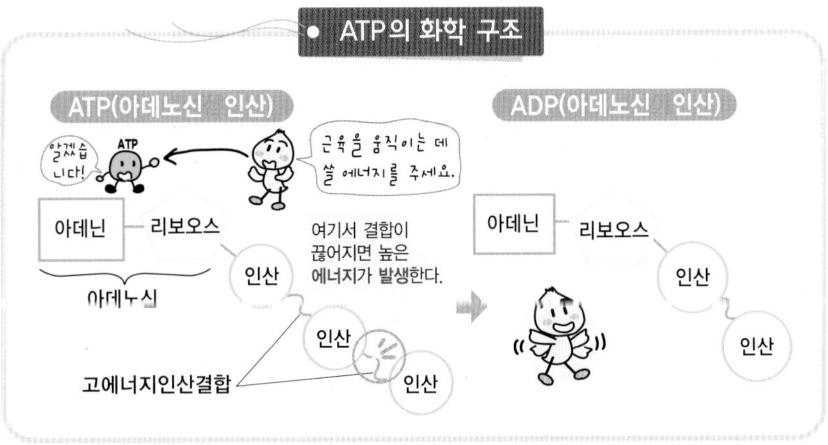

생물은 유기물이 분해하여 얻은 화학에너지를 그대로는 이용할 수 없기 때문에, 우선 먼저 ATP 속에 비축한다. 그리고 필요에 따라 ATP에서 에너지를 꺼내어 생명 활동에 이용하고 있다. 이처럼 ATP는 비축할 수가 있을 뿐만 아니라, 필요에 따라 에너지로 변환할 수 있기 때문에 돈으로 비유하면 '생체의 에너지 통화'라고 할 수 있다.

그렇다면 ATP 속의 화학에너지는 어디에 비축되는 것일까? ATP

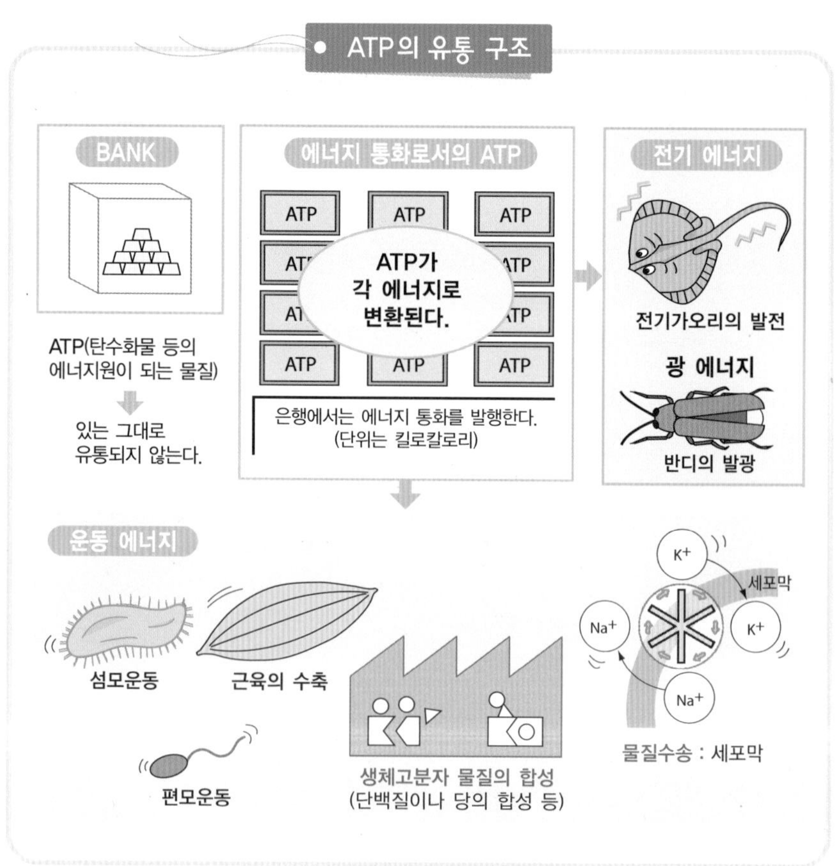

에는 다른 물질보다도 많은 에너지를 비축할 수 있는 비밀이 있는데 바로 인산과 인산의 결합이 그것이다.

인산과 인산 간의 결합에서는 한 곳의 결합에 높은 에너지를 가둬 놓을 수가 있다(고에너지인산결합이라고 한다). ATP는 고에너지인산결합을 두 군데 가지고 있다. 그리고 화학에너지가 필요할 때는 ATP의 고에너지인산결합이 끊어져서 에너지가 방출되어 ADP(아데노신이인산)와 인산이 생긴다.

이 ADP는 몇 번이나 재이용되며, 에너지를 사용하여 다시 ATP로 합성된다. 더 많은 에너지가 필요할 경우, ATP의 고에너지인산결합에서 두 군데가 동시에 끊어져 AMP(아데노신일인산)와 인산 2분자가 생긴다.

이외에도 특수한 에너지 활동을 하는 물질이 있지만, 그것에 비해 ATP는 동물이나 물질의 합성 등 모든 생명활동에 이용된다. 그런 이유 때문에 '에너지의 통화' 라고 불리고 있다.

05 살 빼기 어려운 체질의 사람

절약유전자 이야기

왜 저칼로리 음식을 먹는데도 좀처럼 다이어트에 성공하지 못하는 것일까? 그것은 유전이나 생활 습관과 연관이 있다. 우선 유전적 요인에 대해 이야기해 보자.

우리 몸은 음식물을 적게 섭취하면 굶어죽지 않도록 소비하는, 에너지를 절약하는 구조를 갖추고 있다. 특히 우리나라 사람의 경우, 절약유전자를 갖고 있는 사람이 많다. 그중에 변이형 β3-아드레날린 수용체 유전자가 있다. 이 유전자를 가지고 있으면, 지방세포 내에서 지방의 분해가 일어나기 힘들어져 지방세포가 지방을

살을 빼기 위해
몸 안의 지방을 모두
제거하고 싶다고
생각하는 것은 위험해.

지방세포에서는 과식하면
뇌에 알리는 레프틴이라고 하는
호르몬이나 암을 물리치는
TNF-α라는 물질 등 몸에 꼭
필요한 물질을 만들고 있거든.

계속 축적한다.

굶주릴 때 절약유전자로 도움이 되는 변이형 β3-아드레날린 수용체 유전자는, 요즘처럼 음식이 넘쳐나는 시대에는 오히려 비만증을 늘게 하는 원인이 되고 있는 것이다.

다음으로, 최근의 생활 습관 변화에 대해 살펴보자. 최근에는 밤늦게까지 텔레비전이나 비디오를 보거나 컴퓨터 게임 시간이 늘었기 때문에 수면 시간이 줄어들고 있다. 그런데 의외로 수면 부족과 비만 사이에는 명백한 관계가 있다.

성장호르몬은 이름 그대로 우리 몸의 성장에 관계하는 호르몬이다. 이 성장호르몬은, '아이는 자면서 자란다' 는 말처럼, 밤에 자고 있

는 동안 많이 분비된다. 따라서 수면 부족이 일어나면 이 호르몬의 분비가 줄어든다. 키가 자라지 않는 것과 비만이 무슨 상관인가 하고 생각하겠지만 그게 아니다. 성장호르몬은 밤 동안 지방분해에 필요한 역할을 하고 있기 때문에, 성장호르몬의 분비량이 적으면 지방이 점점 축적되는 것이다.

따라서 다이어트를 하기 위해서는 식사량을 조절하는 것뿐만이 아니라 수면을 충분히 취해 하루의 생활 리듬을 찾는 것이 무엇보다 중요하다.

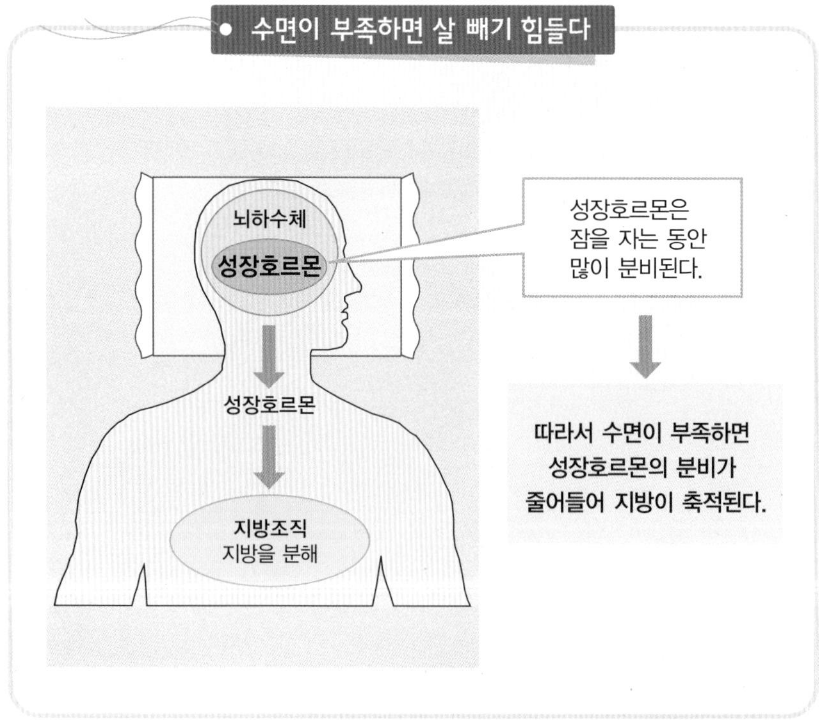
● 수면이 부족하면 살 빼기 힘들다
뇌하수체
성장호르몬
성장호르몬
지방조직
지방을 분해
성장호르몬은
잠을 자는 동안
많이 분비된다.
따라서 수면이 부족하면
성장호르몬의 분비가
줄어들어 지방이 축적된다.

06

식물 잎은 왜 녹색인가?

광 합 성   색 소 와   빛 의   호 흡

대부분의 식물 잎이 녹색인 이유는 무엇일까?

식물의 잎이 녹색인 것은 광합성과 연관이 있다. 식물의 잎이나 줄기 등 햇빛이 비치는 세포에는 엽록체라고 불리는 럭비공과 같은 모

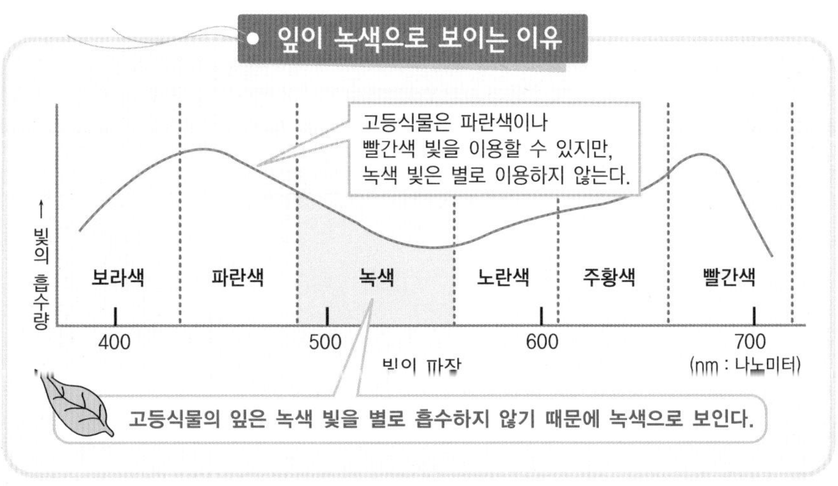

잎이 녹색으로 보이는 이유
고등식물은 파란색이나
빨간색 빛을 이용할 수 있지만,
녹색 빛은 별로 이용하지 않는다.
↑ 빛의 흡수량
보라색
파란색
녹색
노란색
주황색
빨간색
400
500
600
700
빛의 파장
(nm : 나노미터)
고등식물의 잎은 녹색 빛을 별로 흡수하지 않기 때문에 녹색으로 보인다.

양을 한 세포기관이 있다. 엽록체 속에는 클로로필이라는 색소가 가득 차 있는데, 식물이 녹색으로 보이는 것은 이 클로로필이라는 색소가 바로 녹색이기 때문이다.

클로로필에 여러 가지 색의 빛을 비춰보자. 그러면 클로로필은 빨간색 빛이나 파란색 빛은 잘 흡수하는데 녹색 빛은 잘 흡수하지 못한다는 것을 알 수 있다.

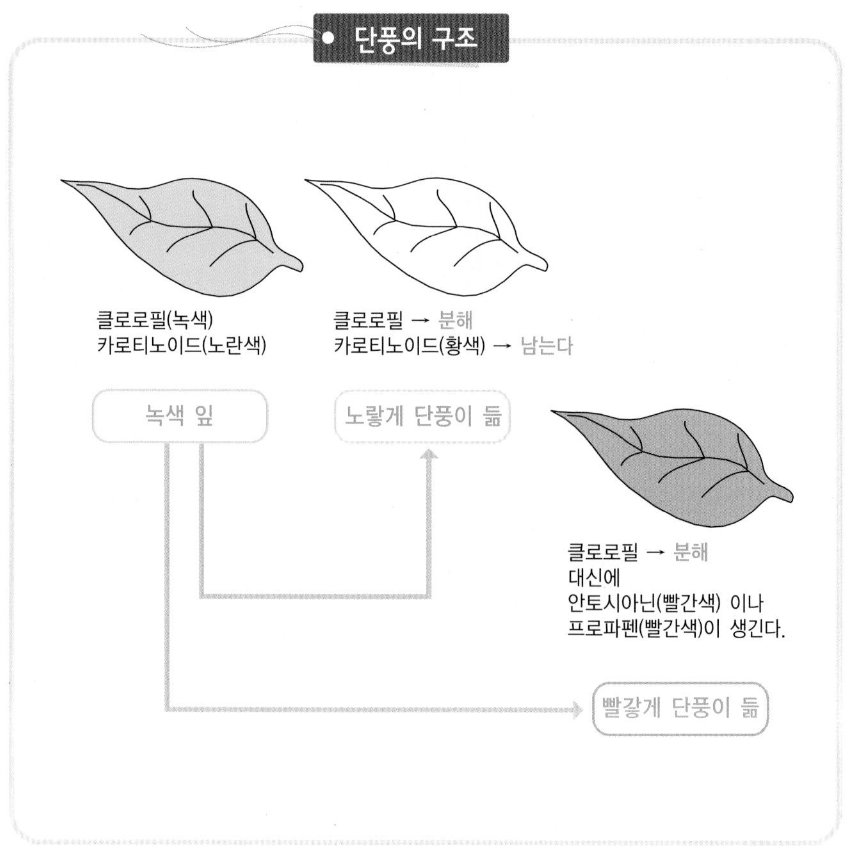

클로로필이 흡수한 빨간색 빛이나 파란색 빛은 광합성에 이용되지만 녹색 빛은 별로 이용되지 않는다. 그래서 햇빛이 식물 잎에 비추면 빨간색이나 파란색 빛은 잘 흡수하는 한편, 녹색 빛은 투과하거나 반사하기 때문에 우리 눈에는 잎이 녹색으로 보이는 것이다.

그런데 녹색이 아닌 잎도 많이 있다. 예를 들면 일 년 내내 빨간색인 포인세티아 잎이나, 가을이 되면 빨강이나 노란색으로 단풍이 드는 식물의 잎이 그렇다. 또 해조류에는 녹색인 녹조뿐만 아니라, 남색인 남조나 빨간색 홍조, 또 암갈색인 갈조류도 있다. 이런 예외를 들다보면 끝이 없는데, 이 색깔 차이는 식물에 포함된 색소 종류와 관계가 있다.

한편 식물군에 따라서는 클로로필 이외에 독자적인 색소도 가지고 있다. 남조는 클로로필 이외에 피코시아닌이라는 남색 색소를 가지고 있기 때문에 남색 내지는 보라색처럼 보인다.

잎 색깔이 녹색이
아니더라도
모두 엽록체를
가지고 있구나.

그래,
그렇지.
그런데 버섯은 얼핏 보기에 식물처럼
보이지만 엽록체가 없어. 그러니까
자기 스스로 영양분을 만들 수는 없고,
다른 식물의 뿌리나 흙 속에 들어 있는
영양분을 흡수하여, 그것을 분해해서
얻은 에너지를 이용해서 살아간단다.

이와 마찬가지로 홍조는 피코에리트린이라는 빨간 색소를, 그리고 갈조류는 푸코키산틴이라는 주황색 색소를 가지고 있기 때문에 각각 빨간색이나 갈색으로 보이는 것이다.

한편 녹색 잎이 단풍이 들어 빨갛게 되는 것은 잎에 포함된 클로로필이 분해되어 녹색이 없어지고, 대신에 안토시아닌이나 프로파펜 등의 빨간 색소가 만들어지기 때문이다. 또 노란 단풍이 드는 것은 클로로필이 분해되더라도 잎에 노란색소(카로티노이드)가 남아 있기 때문에 노랗게 보이는 것이다.

07

방 안에 식물을 많이 두면 어떻게 되나?

광 합 성 의 구 조

집 안 장식을 위해서나 공기를 깨끗하게 하기 위해 집 안에 관엽 식물을 키우는 집이 늘어나고 있다. 식물은 공기 중에서 이산화탄소를 흡수하여 산소를 내뿜기 때문에 공기 정화에 도움이 된다. 그러나 식물은 일부러 인간을 위해서 산소를 내뿜는 것이 아니다.

식물은 광합성을 통해 무기물에서 유기물을 만들어, 그것을 자신의 영양분으로 삼는다. 즉, 공기 중의 이산화탄소와 뿌리에서 흡수하는 물을 재료로 하여 포도당 등의 탄수화물을 만들고, 불필요한 산소를 공기 중에 배출하는 것이다.

그럼, 광합성에 대해 좀 더 자세하게 살펴보자.

광합성이란 글자 그대로 식물의 빛을 이용해서 유기물 합성을 하는 것을 말한다. 광합성에는 명반응과 암반응이라는 두 가지 반응이 있어서 양쪽 반응이 잘 맞물려야 비로소 유기물이 만들어진다.

명반응에서는 앞에서 설명한 클로로필이라는 녹색 색소가 중요한 역할을 한다. 빛이 이 색소에 비추면 뿌리에서 흡수한 물이 분해되어 산소와 수소, ATP가 만들어진다. 이중에서 산소는 필요 없기 때문에 바깥으로 배출된다. 암반응에서는 명반응에서 만들어진 수소와 ATP가 캘빈회로라는 반응회로를 움직인다. 공기 중에서 흡수된 이산화탄소는 캘빈회로에 들어가서 탄수화물이 된다. 이 탄수화물은 식물의 각 조직에 전달되어 생명활동에 사용된다. 광합성에서는 이산화탄소와 물을 사용하여 유기물과 산소가 생기기 때문에 이산화탄소가 분해되어 산소가 생기는 것으로 생각하기 쉽지만 명반응 과정에서 물이 분해되어 생기는 것이다.

명반응은 빛의 세기에 따라 반응속도가 달라진다. 한편으로 암반응

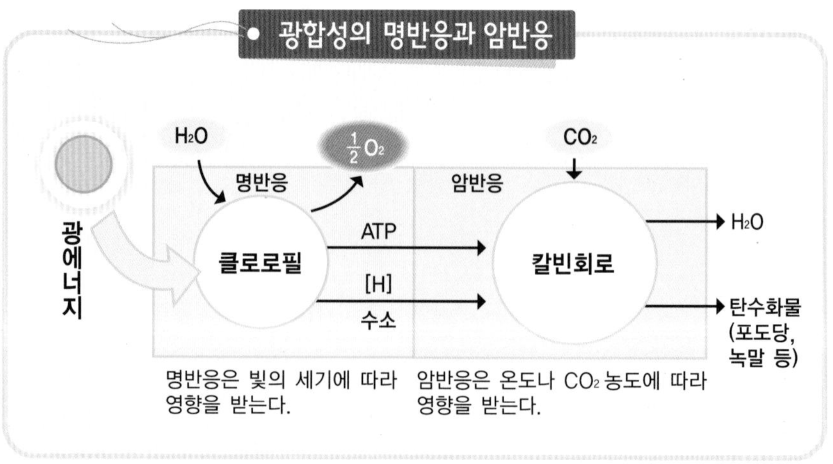

에서는 갖가지 효소반응이 연속해서 이루어지기 때문에 온도나 탄수화물의 재료가 되는 이산화탄소의 농도에도 영향을 받는다. 그러므로 빛이 충분하고, 온도가 비교적 높고 공기 중의 이산화탄소 농도가 올라가기 쉬운 실내의 창가는 관엽식물에게 좋은 조건이라고 할 수 있다.

단, 여기에 함정이 있다. 빛이 충분한 낮에는 식물이 광합성을 하면서 계속해 산소를 방출하지만, 밤이 되면 빛이 거의 없어지기 때문에 광합성을 하지 않게 된다. 더구나 식물도 살아가기 위해서는 호흡을 해야 하기 때문에 사람과 마찬가지로 산소를 빨아들이고 이산화탄소를 내뱉는다. 식물은 낮에도 호흡을 하지만, 광합성 쪽이 호흡보다 훨씬 왕성하므로 산소의 방출량이 호흡량을 훨씬 웃돈다. 그러나 밤에는 식물의 호흡으로 인해 점점 이산화탄소가 늘어나 실내 공기가 점점 더러워진다.

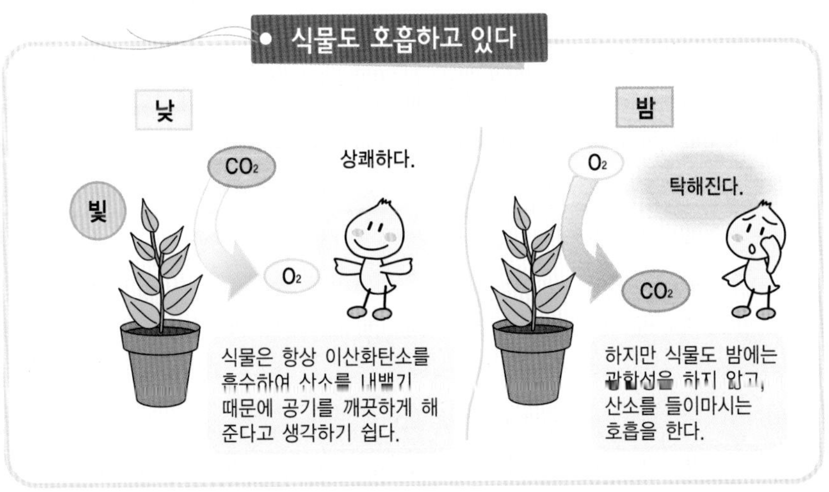

식물도 호흡하고 있다
낮
빛
CO2
O2
상쾌하다.
식물은 항상 이산화탄소를 흡수하여 산소를 내뱉기 때문에 공기를 깨끗하게 해 준다고 생각하기 쉽다.
밤
O2
CO2
탁해진다.
하지만 식물도 밤에는 광합성을 하지 않고, 산소를 들이마시는 호흡을 한다.

chapter 5

마음과 몸은 이어져 있다

“그녀를 보는 순간 그의 가슴은 곤두박질하기 시작했다. 그녀를 보는 순간 그의 뇌에 자극이 전달되어 신경전달 물질이 분비되고 심장 박동이 촉진된 것이다.”

그녀를 보는 순간 그의 가슴은 곧 두박질하기 시작했다. 가슴이 이렇게 아픈 것은 아마도 그녀를 너무 사랑하기 때문인 것 같다. 너무 재미 없는 얘기 같지만 과학적으로 풀어 보면 그녀를 보는 순간 그의 뇌에 자극이 전달되어 신경전달 물질이 분비되고 심장 박동이 촉진된 것이다. 이 사실을 비추어 볼 때 외부 자극에 대해 몸과 마음이 함께 반응했다는 것을 알 수 있다. 이번 장에서는 몸과 마음이 어떻게 이어져 있는지 자세하게 알아보기로 한다.

01

마음으로 느끼는가? 머리로 느끼는가?

감 정 을 지 배 하 는 것

우리의 마음은 어디에 있을까? 현대를 살아가는 우리들은 '당연히 뇌에 있다' 고 대답할 것이다. 그런데 고대 이집트에서는 인간의 마음은 뇌가 아닌 심장에 있다고 생각했다. 그 때문에 뇌는 소중히 다뤄지지 않고 버려진 반면, 심장은 카노픽 항아리에 귀중하게 보관했다. 또 기독교에서도 그 사람이 착한 사람인지 악한 사람인지 판단하기 위해 심장을 저울에 다는 그림이 많이 전해지고 있다. 하지만 시간이 지나 과학이 발달함에 따라 뇌에 사람의 마음이 있다는 것을 아무도 의심하지 않게 되었다.

쥐나 원숭이를 대상으로 한 실험에서 뇌의 일부분이 흥분하면 상爽상태(즐거운 상태, 열린 상태)가 되고, 잘 흥분하지 않으면 울鬱상태(막혀서 통하지 않는 상태)가 된다는 것이 밝혀졌다. MRI(자기공명영상법)를 통해 인간의 뇌 활동 상태를 알게 되자, 뇌의 어떤 부분이 흥분하면 어떤 감정이 나타나는지도 자세히 알게 되었다.

그렇다면 감정을 지배하는 것은 무엇일까? 현재 생물학에서는 신경세포가 방출하는 신경전달물질이나 뇌호르몬이라 불리는 화학물질이 심리상태에 영향을 준다고 믿고 있다. 실제로 세로토닌이라는 신경전달물질이 신경세포에서 나오지 않게 되면 울상태가 된다고 알려졌다.

이러한 신경전달물질에는 여러 가지가 있는데, 이들 물질을 만들고 분비하는 것은 신경세포에만 국한되어 있지 않다. 심장이나 소화기관 등 여러 장기는 다양한 화학물질을 만들고 분비하고 있다. 그리고 더 흥미로운 것은 그중 일부는 뇌에서 만들어지고 있는 화학물질과 똑같다는 것이다.

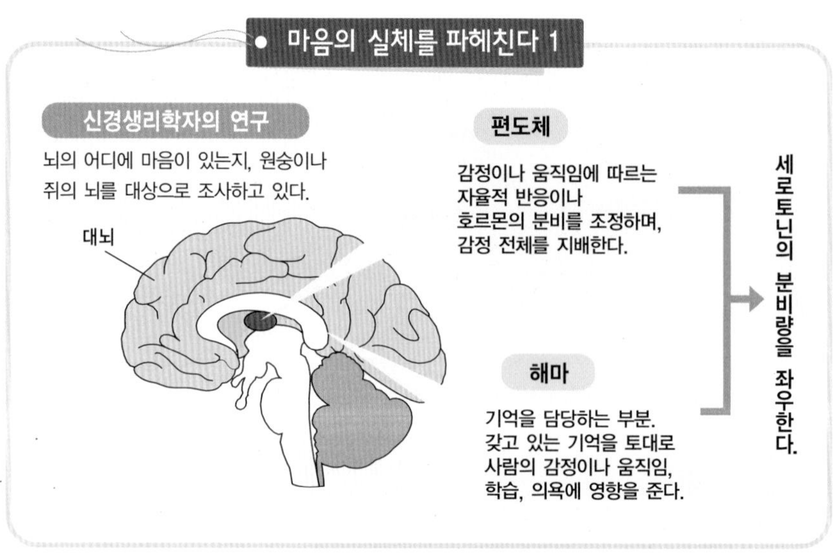

마음의 실체를 파헤친다 1
신경생리학자의 연구
뇌의 어디에 마음이 있는지, 원숭이나 쥐의 뇌를 대상으로 조사하고 있다.
대뇌
편도체
감정이나 움직임에 따르는 자율적 반응이나 호르몬의 분비를 조정하며, 감정 전체를 지배한다.
해마
기억을 담당하는 부분. 갖고 있는 기억을 토대로 사람의 감정이나 움직임, 학습, 의욕에 영향을 준다.
세로토닌의 분비량을 좌우한다.

예를 들면 심장에서는 심방성 나트륨 이뇨펩티드(ANP)라는 호르몬이 합성되어 분비되는데, 그것과 아주 유사한 물질이 뇌에서 만들어지고 있다. 또 소화기관(위나 소장 등)에서 만들어지는 소화관호르몬 속에는 뇌에서도 만들어지는 화학물질이 있다. 이들 호르몬은 뇌-장 펩티드라고 하며, 세포끼리의 커뮤니케이션에 사용되고 있다.

어쩌면 심장이나 위 · 장 등의 소화기관에도 뇌와 같이 감정이 깃들어 있어서 뭔가를 생각하고 있을지도 모른다. 많은 생물학자들이 이 비밀을 밝히기 위해 노력하고 있다.

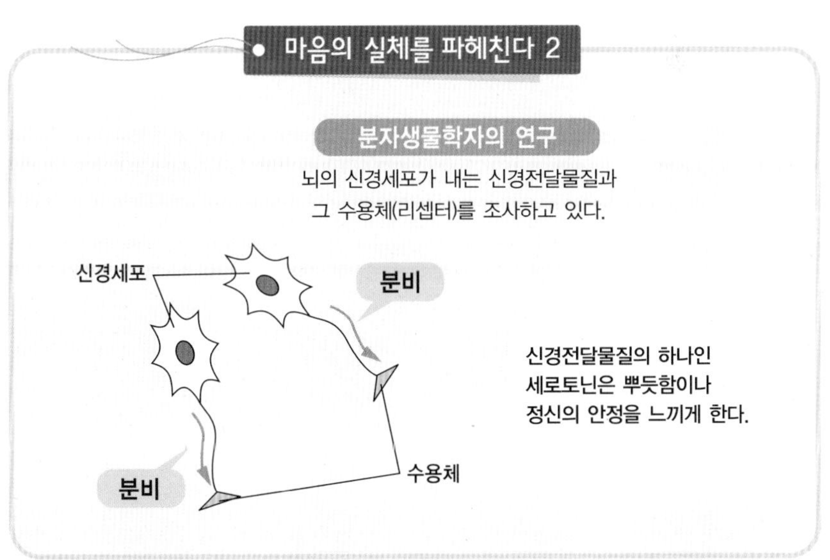

마음의 실체를 파헤친다 2
분자생물학자의 연구
뇌의 신경세포가 내는 신경전달물질과
그 수용체(리셉터)를 조사하고 있다.
신경세포
분비
신경전달물질의 하나인
세로토닌은 뿌듯함이나
정신의 안정을 느끼게 한다.
수용체
분비

02

질병은 마음으로부터 온다

스트레스가 몸에 미치는 영향

스트레스는 갖가지 질병을 일으킨다. 예를 들면 심신에 갖가지 스트레스를 주면, 면역계의 균형이 무너져서 알레르기 질환(기관지천식이나 아토피성피부염 등)이 발병하기 쉽다.

기관지천식 환자 약 200명을 대상으로 한 설문조사에서, 처음 발병했을 때의 생활 환경에 대해 물어봤는데, 약 90%의 사람이 발병 전 1년 이내에 환경의 변화(유치원이나 초등학교 입학, 결혼이나 재혼, 부인이나 남편의 죽음, 정년퇴직 등)를 경험했다고 답했다. 이런 경험은 심신에 스트레스를 주며, 기관지천식이 발병하는 원인이 되었다. 그 증거로, 약을 주는 등 내과적인 치료만을 행한 환자에 비해 몸과 마음 양쪽을 함께 치료한 환자 쪽이 훨씬 경과가 좋았다.

또한 아토피성피부염 환자 800명을 대상으로 한 조사에서는 절반에서 3분의 2의 환자가 스트레스가 증상을 악화시키고 있다고 보고하고 있다. 또 스트레스가 면역계에 영향을 주는 것을 확인한 실험도 있다.

스트레스란
무엇인가요?

물리적인 압력이든 심리적인
압력이든 간에 압력에 의해
몸과 마음에 뒤틀림이 생겼을 때,
그 원인이 되는 것을
스트레스라고 부르고 있단다.

중요한 시험을 앞둔 학생 수십 명으로부터 시험 1개월 전과 바로 시험 전날에 채혈을 하여 알레르기 관련 호르몬으로 알려진 히스타민의 농도를 검사를 했다. 그러자 시험이 다가옴에 따라 학생 대부분의 히스타민 농도가 증가했다. 이러한 사실로 볼 때 마음의 문제와 알레르기 질환은 서로 연관이 있다는 것을 알 수 있다. 따라서 알레르기 질환을 치료할 때에는 약물 치료뿐만 아니라 꼭 정신적인 면에서도 치료를 병행해야 한다.

직장에서의 인간관계나 시험, 부모와의 사별 등 아무리 해도 스트레스의 원인을 제거하기가 무리인 경우가 있다. 게다가 책임감이 강하고 성실한 사람일수록 자신이 스트레스를 받고 있다는 사실을 좀처럼 인정하려 들지 않는다. 그런 식으로 무의식 중에 스트레스가 쌓이면 아토피 등 알레르기 증상이 악화되는 경우가 많다.

무엇보다 중요한 것은 일상생활을 돌이켜보고, 스트레스가 무엇인가를 자각하는 것이다. 스트레스의 존재를 받아들인 후에 아로마테라피(방향 요법)를 행한다든지, 주말에는 편안히 쉬거나 취미에 열중

하는 등 생활 스타일을 바꾼다면 반드시 스트레스를 경감시킬 수 있을 것이다.

03 투명인간은 앞을 볼 수 없다

눈이 보이는 원리

만약 당신이 투명인간이 된다면 무엇을 하겠는가? 다들 한 번쯤은 목욕탕에 들어가 보고 싶은 충동을 느낄 것이다. 그런데 모처럼 투명인간이 되어 목욕탕에 당당하게 들어갔는데 아무것도 안 보인다

면 어떨까? 사실 투명인간은 아무에게도 안 보이지만, 그 대신 투명인간 자신도 아무것도 볼 수가 없다. 그렇다면 왜 투명인간은 눈이 안 보이는 것일까?

투명인간이 왜 아무것도 보지 못하는지 알아보기 전에 '사물이 보인다' 는 것이 어떤 것인지 간단하게 살펴보자.

투명한 유리판과 나무판을 비교해 보자. 유리판은 빛을 통과시키기 때문에 거의 눈에 보이지 않지만, 나무판은 빛을 반사 · 흡수하기 때문에 눈에 보인다. 하지만 투명한 유리판이라도 눈여겨서 보면 거기에 유리가 있다는 것을 알 수 있다. 그것은 공기 중에서 빛의 굴절률이 유리와는 약간 다르기 때문에 유리 테 부분에서 물건이 굴절되어 보이는 것이다. 요컨대 물건이 보이는 것은 그 물체가 빛을 반사 · 흡수하거나 굴절시키기 때문이다. 즉, 투명인간이 다른 사람에게 안 보이는 것은 투명인간의 몸이 빛을 굴절시키거나 반사 · 흡수하지 않는 물질로 이루어져 있기 때문이다.

그럼, 눈으로 본다기 보다는
눈을 통해서 뇌로 보는 거군요.

'보인다' 는 것은
빛의 자극이 뇌에 전달되어
상을 만드는 것이지.

그럼 이번에는 투명인간의 입장에서 생각해 보자. 우리는 눈이 부시면 눈을 감는데, 투명인간은 눈꺼풀도 투명하기 때문에 꽤나 눈이 부실 것이다. 더구나 눈 속에 사방팔방으로 빛이 들어오기

때문에, 망막은 어느 방향에서 오는 빛이든 다 느낄 것이다. 이렇게 되면 눈 속에서 상을 맺을 수 없게 되어 아무것도 보이지 않는다.

아래 '눈 구조도'를 한 번 보자. 눈에 들어간 빛은 수정체에서 굴절하여 망막 위에서 상을 맺는다. 망막에는 간상세포와 원추세포라는 두 종류의 시세포가 있으며, 이들 시세포에 들어 있는 시물질이 빛을 흡수한다. 그러면 시세포가 흥분하고, 그 흥분이 시신경을 통과하여 대뇌의 시각중추에까지 보내져서 비로소 사물이 보이게 되는 것이다.

만약 투명인간이 사물을 볼 수 있다면 바깥에서 온 빛의 일부를 눈 안에서 흡수하기 위해서 눈 부분만 검게 보일 것이다. 실제로 몸이 투명한 유리메기라는 물고기가 있는데, 눈 부분만은 검다.

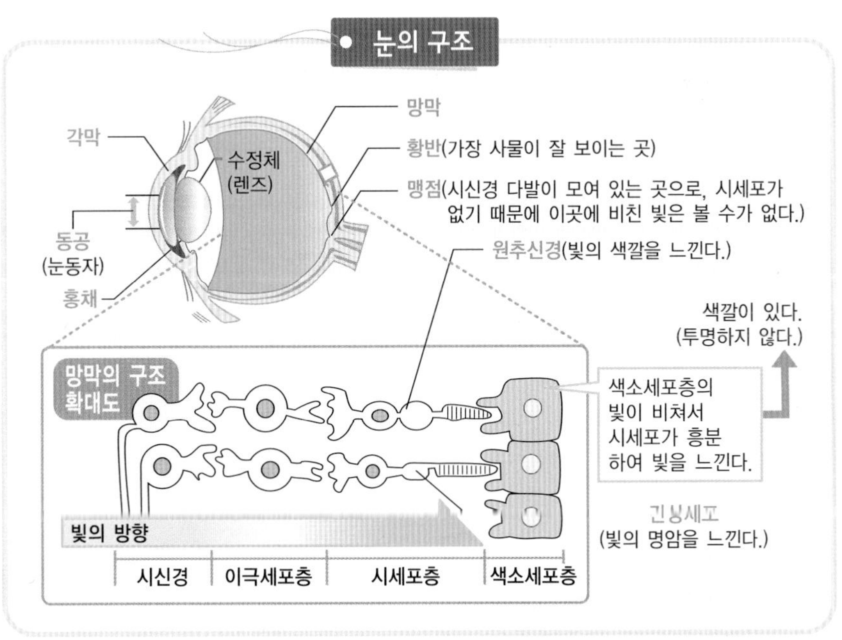

04 신경은 일종의 전기회로이다

신경계의 구조와 역할

만약에 자신도 모르게 뜨거운 주전자를 모르고 만졌다면 어떻게 하겠는가? 대부분의 사람은 만진 순간에 '아이, 뜨거워!' 하고 소리를 치며 손을 움츠릴 것이다. 그러지 않고 꾸물거리고 있다가는 만진 손이 큰 화상을 입게 될 것이 뻔하다.

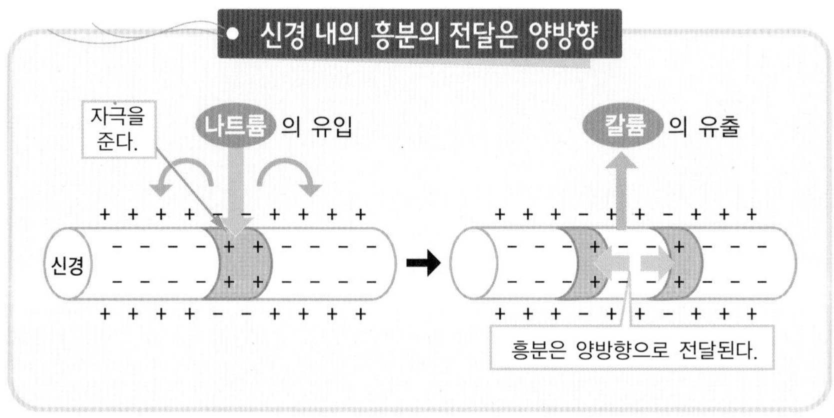

이 예에서도 알 수 있듯이 우리 몸 속에는 여기저기 신경이 뻗어 있어서 몸 어딘가에서 이상이 생기면 곧바로 반응할 수 있도록 되어 있다.

신경의 흥분이 어떻게 전달되는지를 살펴보자. 신경을 철봉 같은 가운데가 비어 있는 관이라고 생각해 보자. 신경이 흥분하면 마치 철봉의 중간을 두드렸을 때와 마찬가지로 그 흥분이 신경의 양쪽에 모두 전달된다.

신경이 흥분하지 않은 상태일 때, 관 바깥에는 안쪽과 비교해 볼 때 나트륨이온(Na^{+})이 많고, 반대로 관 안쪽에는 칼륨이온(K^{+})이 많이 들어 있다. 이때 신경 안팎의 전위 차를 측정해 보면 안쪽은 바깥쪽에 비해 전위가 마이너스로 되어 있다. 이것을 '정지전위' 라고 한다.

하지만 신경 일부에 자극을 가하면 흥분이 되고 그 자리의 바깥 쪽에 있는 나트륨이온이 한꺼번에 안으로 흘러들어온다. 나트륨이온은 양이온을 가지고 있으므로, 안쪽 전위가 높아져서 마이너스에서 일시적으로 플러스(+20~50 밀리볼트)가 된다. 이때의 전위를 '활동전위' 라고 한다. 그런데 그 후에 활동전위는 급속히 내려가며, 정지전위 수준으로 되돌아 간다. 이것은 신경의 안쪽에 있던 나트륨이온 이 안쪽에서 바깥쪽을 향해 빠져나오기 때문이다.

흥분 중인 활동전위는, 전류가 동선 등의 도체 속을 흘러가듯이 전류가 신경 속을 흘러가는 것이 아니다. 활동전위는 어떤 부분에서 일어난 활동전위의 영향으로 바로 옆 부분이 흥분해서 활동전위를 일으켜 다시 옆으로, 마치 파도가 밀리듯이 차례차례 이동해간다. 신경의 전달속도가 아주 빠른(50~100m/s정도) 것은 물질 그 자체가 전달되는 것이 아니라 활동전위가 전달되기 때문이다.

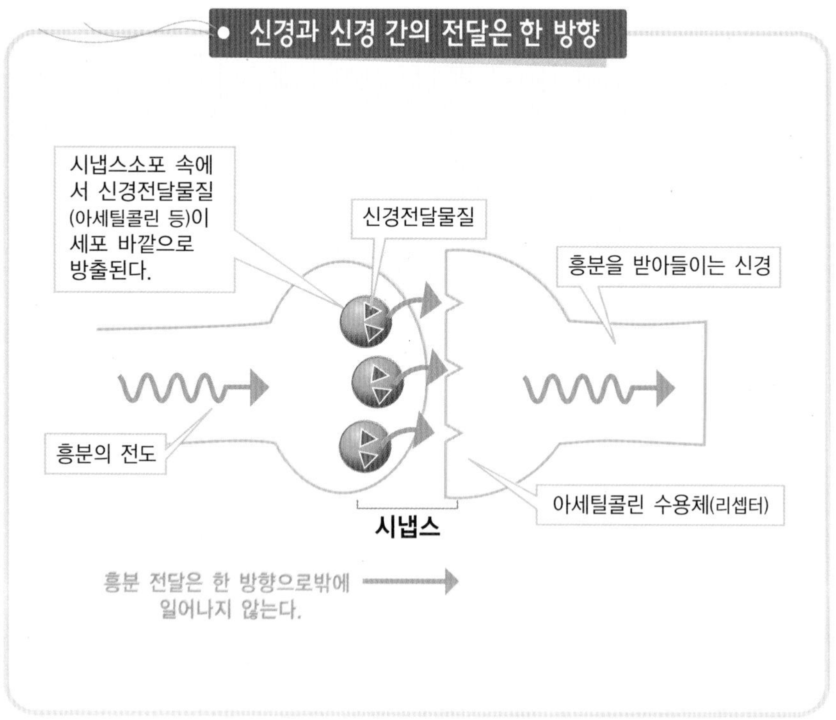
● 신경과 신경 간의 전달은 한 방향
시냅스소포 속에서 신경전달물질(아세틸콜린 등)이 세포 바깥으로 방출된다.
신경전달물질
흥분을 받아들이는 신경
흥분의 전도
아세틸콜린 수용체(리셉터)
시냅스
흥분 전달은 한 방향으로밖에 일어나지 않는다.

그런데 신경 내의 흥분은 양방향으로 전달되지만, 어떤 신경에서 다른 신경으로 흥분이 전달될 때에는 한 방향으로밖에 전달되지 않는다. 즉 A신경의 흥분을 전달받아 흥분한 B신경이 다시 A신경에 영향을 주지는 않는다.

이것을 '흥분의 전달' 이라고 하는데 신경 간의 흥분 전달은 물질을 주고받으면서 이루어진다. 전달하기 전의 신경말단에는 시냅스소포라는 작은 주머니가 있으며, 거기에 흥분이 도달하면 그 주머니가 터져서 아세틸콜린이라는 신경전달물질이 신경세포 밖으로 방출되는 것이다.

한편, 흥분을 받아들이는 쪽의 신경세포는 시냅스소포가 있는 신경 말단에 접하여 시냅스후막이라는 부분을 가지게 되는데, 그곳에 아세틸콜린 수용체(리셉터)가 있다. 리셉터가 아세틸콜린을 받아들이면 그 신경세포에 흥분이 일어나서, 다시 활동전위가 일어나며 흥분이 그 신경 속에 전달되는 것이다.

05

호르몬은 체내의 커뮤니케이션 수단

호 르 몬 에 의 한 정 보 전 달

우리 인간의 몸은 약 60조 개나 되는 세포로 만들어져 있는데, 각각의 세포끼리는 갖가지 커뮤니케이션이 이루어지고 있다. 체내에서 정보를 전달하고 있는 메체에는 '신경', '호르몬' 및 '신경내분비'의 3가지가 있다. 주변의 물건에 비유하자면 신경은 전화, 호르몬은 편지, 신경내분비는 팩스에 해당된다.

일상생활에서도 어떻게든 빨리 전달해야 할 일이나, 천천히 하더라도 확실하게 전달해야만 되는 일 등 여러 가지가 있어요.

신경에 의한 정보 전달은 순간적으로 정보가 전달되기 때문에 전화와 비슷하다. 호르몬은 편지 중에서도 광고 우편물과 비슷한 부분이 많은 것 같다.

뇌는 몸 전체에 정보를 전달할 때, 필요에 따라 전달 수단을 다르게 쓴단다. 급할 때는 신경으로, 서두르지 않을 때는 호르몬을 사용하는 거야.

즉, 보내는 사람(내분비기관)이 여러 사람(기관)앞으로 광고우편물(호르몬)을 보낸다고 가정해 보자. 우체통에 넣어진 편지는 우체국 직원(혈액이나 체액 등)이 모아서, 목적지별로 나눈 후에 여기저기로 보내진다. 받은 사람 중에서 편지에 나와 있는 상품이 마음에 든 사람(표적기관)은 구입절차에 들어가지만(호르몬에 반응한다), 그렇지 않은 사람(그 호르몬에 반응하지 않는 기관)은 편지를 버리고 말 것이다.

편지가 보내진 후에 상대방에게 도착하기까지 며칠이 걸리는데, 호르몬도 마찬가지로 표적기관에 어떤 생리적 변화가 나타나기까지는 어느 정도의 시간이 걸린다. 그리고 '신경내분비' 는 받는 사람의 바로 근처까지는 순식간에 도착하지만, 받는 사람이 볼 때까지는 정보가 전달되지 않기 때문에 '팩스' 에 비유할 수 있다.

호르몬이 정보를 전달하는 데 시간이 걸리는 것은 호르몬이 '화학물질' 이기 때문이다. 호르몬은 전기적으로 흥분이 전달되는 신경과는 정보 전달의 원리가 크게 다르다. 원래 호르몬이라는 말은 20세기 초에 영국의 생리학자 베일리스와 스탈링이 만든 말로, '자극하다'(호르마오 ; hormao)라는 그리스어에서 유래했다.

일반적으로 '호르몬은 체내의 특정기관(내분비기관)에서 만들어지며 혈액 속으로 운반되어 미량으로, 체내의 특정기관(표적기관)에 작용하는 화학물질이다' 라고 정의되어 왔다. 하지만 요즈음은 호르몬을 다른 생리활성물질과 구별 없이 다루는 경우가 늘고 있다. 즉 신

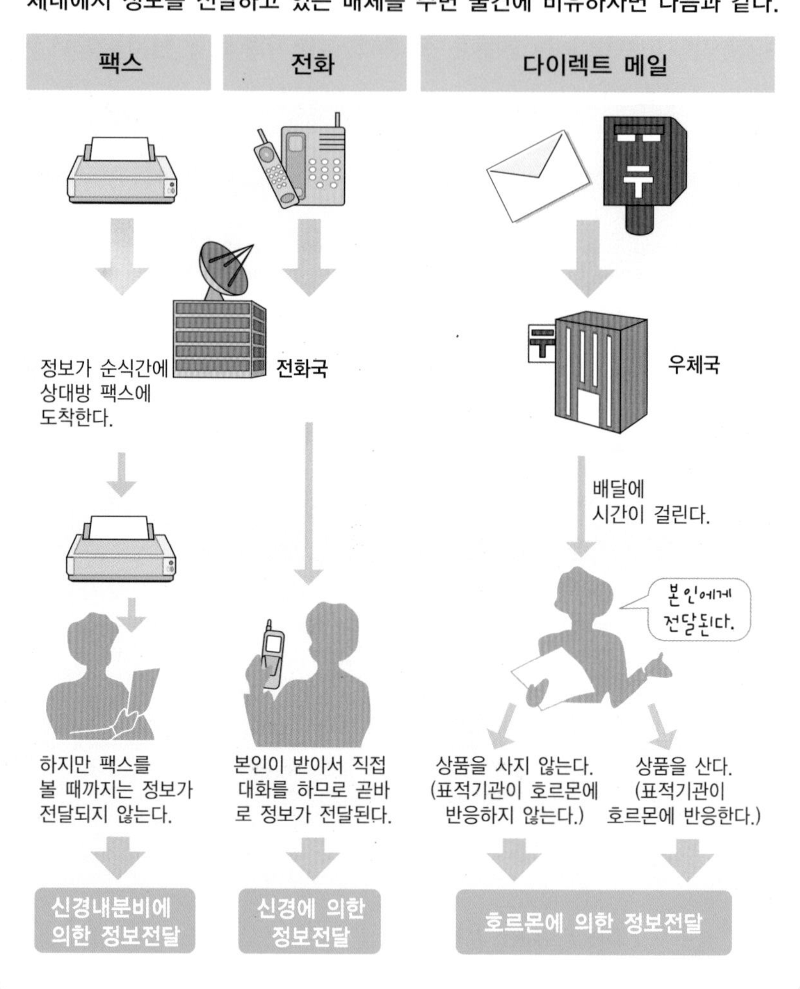

경 사이에서 정보를 전달하는 화학물질은 '신경전달물질' 이라 부르며, 호르몬과는 다른 것으로 보고 있다.

06

몸 속의 통신케이블

자 율 신 경 계 의 기 능

더운 날도 추운 날도 체온이나 혈당량 등 우리 체내의 환경은 항상 일정하게 유지된다(호메오스타시스 또는 항상성의 유지). 이를 위하여 갖가지 호르몬이나 자율신경이 중요한 역할을 감당하고 있다. 이중에서 자율신경은 자신의 의사와는 상신경이 중요한 역할을 담당하고 있다.

자율신경이란 자신의 관없이 작용하는 신경(불수의不隨意신경)을 말하며, 자동적으로 근육이나 내분비기관 등의 역할을 조절하고 있다. 자율신경계에는 교감신경계와 부교감신경계가 있다. 이 두 가지 신경계의 말단은 갖가지 장기에 연결되어 있으며 서로 균형을 유지하면서 일하고 있다.

교감신경계는 간뇌(대뇌와 중뇌의 중간 부분에서 시상과 시상하부로 나뉘어

● 체온이나 혈당량은 항상 일정
더운 날도 추운 날도
체내의 환경(체온이나 혈당량 등)은 일정
호메오스타시스(항상성의 유지)

져 있다)로 이루어져 있으며, 갖가지 내장이나 피부의 혈관, 땀샘, 입모근 등으로 뻗어 있다. 한편 부교감신경도 간뇌에서 나와서 동안신경이나 안면신경, 미주신경 등으로 연결되어 있다. 이중 미주신경은 지배 범위가 아주 넓으며, 경부, 심장 · 폐에서, 복부 내장(위 · 간장 · 췌장 · 소장 · 신장)에까지 이른다.

교감신경의 말단에서는 신경전달물질인 노르아드레날린이 분비되어, 그 지배 하에 있는 장기에 자극을 전달한다. 노르아드레날린은 호르몬으로 알려져 있는 아드레날린과 아주 비슷한 물질로, 그 작용도 아주 비슷하다. 한편, 부교감신경의 말단에서는 신경전달물질인 아세틸렌콜린이 분비되어 갖가지 장기에 작용하며, 교감신경의 작용과 균형을 맞추면서 일한다.

만약에 자동차에 부딪혔다고 하자. 사고가 나자마자 놀라서 안면이 창백해지고 동공이 커지며 심장은 두근두근거리고 소름이 쫙 돋을 것이다. 그리고 한동안은 타액이 나오지 않기 때문에 음식물도 목으로 넘길 수 없다. 또한 소화액의 분비와 위액의 운동이 억제되기 때문에 식욕이 사라지게 되기도 한다. 이 일련의 변화는 교감신경이 작용했기 때문에 일어나는 현상이다. 기분이 가라앉아 부교감신경이 작용하게 되면 안색이나 식욕이 원래대로 되돌아간다.

교감신경과 부교감신경은
아주 좋은 콤비군요.

이 콤비의 균형이 깨지면
사람의 몸의 균형도 무너지지
그것이 극단적으로 되면
항상 흥분한 상태이거나,
계속 우울상태가 되고 말아.

자율신경의 역할

	혈압	동공	소화액의 분비	기관지	심장 박동	위장 운동	체표의 혈관	입모근
교감신경	높인다	확대	억제	확장	두근두근	억제	수축	수축
부교감신경	낮춘다	축소	촉진	수축	억제	촉진		

체내의 환경은
자율신경의 미묘한
균형에 의해 유지된다.

교감 신경

부교감 신경

07

신경과 호르몬의 공동 작업

혈당량의 조절

인간의 혈액에는 통상 포도당이 0.08~0.1퍼센트(혈액 1밀리리터 중에 0.8~1밀리그램)이 포함되어 있다. 혈액 속에 섞여 있는 포도당 양을 혈당량이라고 하는데 식후에는 0.12~0.13퍼센트로 상승하지만 당뇨병에 걸리지 않은 한 그 이상으로 상승하지 않는다. 한편 공복 시에는 혈당량이 저하되는데 그래도 0.05퍼센트 이하가 되는 일은 거의 없다. 만약 혈당량이 0.03퍼센트 이하가 되면 경련이 일어나거나 혼수상태가 되어 생명이 위험해진다. 그렇기 때문에 혈당량을 일정하게 유지해야 한다. 혈당량이 감소하면 간뇌의 시상하부에 있는 혈당량을 조절하는 중추가 흥분하여 교감신경이나 하수체에 전달되어 각종 호르몬이 분비된다.

우선 교감신경을 살펴보자.

혈당량의 조절(저혈당의 경우)

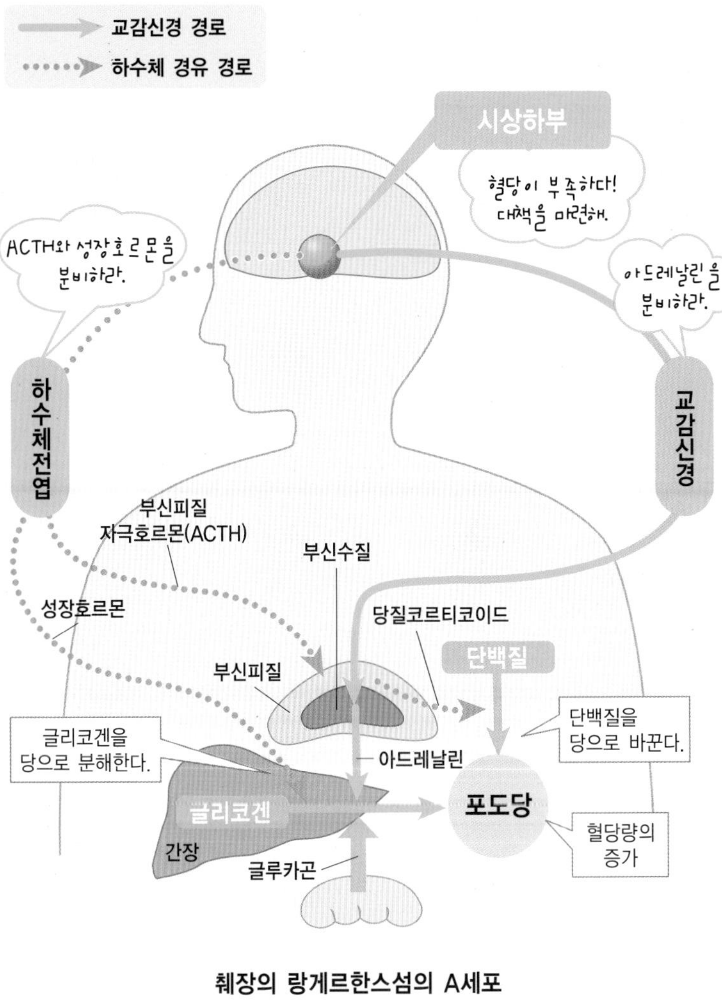

교감신경 경로

하수체 경유 경로

시상하부

혈당이 부족하다! 대책을 마련해.

ACTH와 성장호르몬을 분비하라.

아드레날린을 분비하라.

하수체전엽

교감신경

부신피질 자극호르몬(ACTH)

부신수질

성장호르몬

당질코르티코이드

단백질

부신피질

단백질을 당으로 바꾼다.

글리코겐을 당으로 분해한다.

아드레날린

글리코겐

포도당

간장

혈당량의 증가

글루카곤

췌장의 랑게르한스섬의 A세포

교감신경이 부신수질을 자극하면 거기에서 호르몬의 일종인 아드레날린이 분비된다. 아드레날린은 간장 등에 저장되어 있는 글리코겐의 분비를 촉진하여 혈당량을 증가시킨다.

한편 하수체가 자극받으면 성장호르몬과 부신피질자극호르몬(ACTH)의 분비가 촉진된다. 성장호르몬은 글리코겐의 분비를 촉진하여 혈당량을 증가시킨다. 한편 부신피질자극호르몬이 부신피질에 작용하면 당질 코르티코이드의 분비를 촉진한다. 이 호르몬은 단백질을 당으로 바꾸며 혈당량을 증가시킨다.

혈당량은 췌장에서도 감지된다. 저혈당은 췌장의 랑게르한스섬의 A세포(알파세포라고도 한다)에서 글리카곤의 분비를 촉진한다. 글루카곤은 아드레날린이나 성장호르몬과 마찬가지로 글리코겐의 분비를 촉진하여 혈당량을 증가시킨다.

혈당량이 증가하면 시상하부의 혈당조절중추가 알아차려서 부교감신경을 통하여 췌장을 자극한다. 또는 췌장은 부교감신경의 자극이 없더라도 고혈당을 직접 감지할 수도 있다. 그러면 췌장의 랑게르한스섬의 B세포(베타세포라고도 한다)에서 호르몬의 일종인 인슐린이 분비된다. 인슐린은 간장이나 근육 이외의 지방조직 등에 작용하여, 혈액 중의 포도당의 소비를 촉진하거나 간장에서 포도당이 글리코겐으로 합성하는 것을 촉진하기 때문에 혈당량이 저하된다.

자연계에서 포식으로 고민하는 것은 인간뿐이다. 게다가 인간이 포식을 고민하게 된 것은 그리 오래된 것이 아니다. 그 때문에 생물체 내에서는 혈당량이 저하할 경우 혈당치를 상승시키기 위해서 복수 안전대책을 취하지만, 혈당량이 너무 증가했을 경우에 혈당량을 저하시키는 방향으로 작용하는 호르몬은 인슐린뿐이다. 그렇기 때문에 어떤 원인으로 인슐린이 부족하거나 합성되지 않으면, 곧바로 당뇨병 등 몸에 갖가지 장애가 생기게 되는 것이다.

08 상대에게 작용하는 화학물질 페로몬

사람에게도 페로몬이 있을까?

페로몬이라고 하면 사랑의 묘약을 연상하는 사람이 많다. 그래서인지 성적 이미지가 강한데 그렇다면 페로몬이란 도대체 무엇일까? 또 호르몬과는 어떻게 다른 것일까?

● 호르몬과 페로몬의 차이

호르몬 분비기관
호르몬
표적기관

페로몬
표적기관

호르몬은 같은 개체의 체내에서 작용한다.

페로몬은 같은 종류의 생물 사이에서 작용한다.

페로몬은 같은 종류의 생물 사이에서 정보교환을 담당하는 화학물질이다. 호르몬은 체내에서 만들어져서 같은 개체의 체내에서만 작용하는 물질인데 비해, 페로몬은 체외에 방출되어 같은 종의 다른 개체에게 작용하는 점이 다르다.

페로몬에는 수컷 또는 암컷이 이성을 끌어당기는 '성 페로몬' 외에, 개미가 동료들에게 음식물이 어디에 있는지 알려주는 '길안내 페르몬', 개미나 벌이 동료들에게 위험을 알리는 '경고 페로몬', 바퀴벌레가 동료를 부를 때 내는 '집합 페로몬' 등이 있다.

이중 성페로몬은 쥐나 돼지 등의 포유류에게도 존재한다는 것이 밝혀졌다. 예를 들면 암컷 생쥐만 여러 마리 키우면 발정기가 늦어지는데 비해, 수컷이 있으면 그 주기가 빨라진다. 한편 수컷을 함께 키우지 않더라도 수컷의 오줌을 암컷 우리 속에 넣어 두기만 해도 발정주기가 빨라진다. 이것은 수컷의 오줌에 포함되어 있는 페로몬이 암컷의 발정주기를 앞당기기 때문이다.

그뿐만 아니라 젊은 암컷의 사춘기가 다가오는 시기 즉, 첫 배란 시기도 다른 암컷의 오줌 때문에 늦어지기도 하고, 수컷의 오줌 때문에 빨라지기도 한다.

페로몬을 응용한
것에는 어떤 것이
있나요?

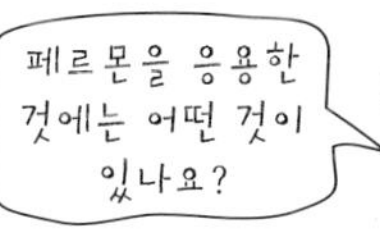

친환경 농산물 재배에도 이 페르몬을 이용
하고 있어. 무농약 친환경인증에 따른 병해충
방제의 일환으로 성 페로몬 트랩을 설치해서
암컷의 향으로 수컷을 유인해서 진드기를
죽이도록 하고 있단다.

또 교미한 지 얼마 안 되는 암컷이 다른 수컷을 보거나 냄새만 맡게 되더라도 수정난이 자궁에 착상하지 않고, 임신이 도중에 멈추는 현상이 발견되곤 한다. 이 현상은 그 암컷과 교미한 수컷의 오줌으로는 일어나지 않는다. 즉 암컷은 교미한 수컷과 다른 수컷의 냄새를 구별하는 것이다.

또 발정 중인 암돼지 근처에 성숙한 수퇘지가 있으면, 그 암퇘지는 등을 움푹 들어가게 만들고서는 귀를 움직이며 가만히 있는 경우가 있다. 이것을 로드시스라고 하는데 암컷이 수컷에게 교미해도 된다고 보내는 신호다. 발정 중인 암컷에게 로드시스를 일으키게 하기 위해서는 수컷이 내뿜는 사향 냄새가 나는 숨이 중요하다. 수컷의 침샘에서 두 종류의 성 페로몬이 발견되었는데 이 페로몬은 수컷의 성호르몬(스테로이드호르몬)인 테스토스테론과 아주 유사한 물질이다.

그렇다면 우리 사람에게도 페로몬이 있을까? 실제로 여러 명의 여성 공동생활을 하면 월경주기가 같아지는 현상이 알려진 경우가 있다. 이것을 '더머터리 효과(Dormitory Effect ; 기숙사 효과)'라고 하는데, 1986년에 실험으로 확인되었다.

여성의 겨드랑이에서 분비되는 땀에 포함되어 있는 미량의 물질이 더미터리 효과를 일으키는 것으로 추측되기는 하지만, 아직 확실하게 알려진 것은 없다.

chapter 6

유전자에서 단백질로

“단백질의 종류를 결정하는 것은 유전자다. 따라서 유전자가 비슷하다면 거기서 만들어지는 단백질도 비슷하고, 단백질의 종류가 비슷하면 성격도 닮는다.”

우리는 가끔 자기 얼굴에 대해 불만을 토로하곤 한다. 왜 아빠를 닮지 않은 건지, 왜 안 좋은 부분만 닮은 건지, DNA 얘기를 끄집어내며 목소리를 높인다. 성격도 마찬가지다. 성격을 결정하는 것은 주로 뇌에 들어 있는 단백질이다. 단백질의 종류를 결정하는 것은 유전자니까 유전자가 비슷하다면 거기서 만들어지는 단백질도 비슷하고, 단백질의 종류가 비슷하면 성격도 닮는 것이다. 최근 생물학계에서는 유전자보다 유전자에 의해 만들어지는 단백질에 주목하고 있다. 이렇게 중요하고, 어려운 단백질에 대해서 자세히 알아보기로 한다.

01

콩 심은 데 콩 난다

왜 부모 자식 간은 닮는가?

'콩 심은 데 콩 나고, 팥 심은 데 팥 난다'라는 말은 예전부터 내려져 오는 속담이다. 과학이 없던 시대에도 많은 사람들이 자식의 용모나 성격이 부모와 비슷하다는 것을 알아차렸던 것이다.

그러나 옛날에는 도대체 무엇이 부모로부터 자식에게 전해져서 그런 것인지는 잘 몰랐다. 단지 막연하게 부모의 '피'가 자식들에게 이어지고 있다고 오랫동안 믿어왔기 때문에 지금까지도 부모 자식 관계나 형제 관계를 표현하는 데 '혈연'이나 '혈통', '핏줄'이라는 말이 사용되고 있다.

지금은 유전자=DNA라는 것이
상식이지만 그것이 판명되기
까지는 오랜 시간이 걸렸어.

영어나 프랑스어에서도 '피'를 나타내는 'blood'라는 말이 '혈연'이라는 뜻을 담고 있다.

동서고금을 막론하고 '혈액이 부모로부터 자식에게 모습이나 성격을 전달한다' 고 믿었던 것이다.

● 부모로부터 자식에게 전달되는 것은 무엇인가?
혈액설
혈액
모체와 태아 사이에 혈액
교환은 이루어지지 않는다.
부모로부터 자식에게 전달되는 물질(유전자)은
단백질인가, 아니면 다른 화학물질인가?
?
?
?

그런데 과학이 발전하면서 혈액은 자식이 부모로부터 물려받는 것이 아니라는 것이 명백하게 밝혀졌다. 태아의 혈액은 어머니로부터 받는 것이 아니라 태아 자신이 만들었다는 것을 알아낸 것이다. 더구

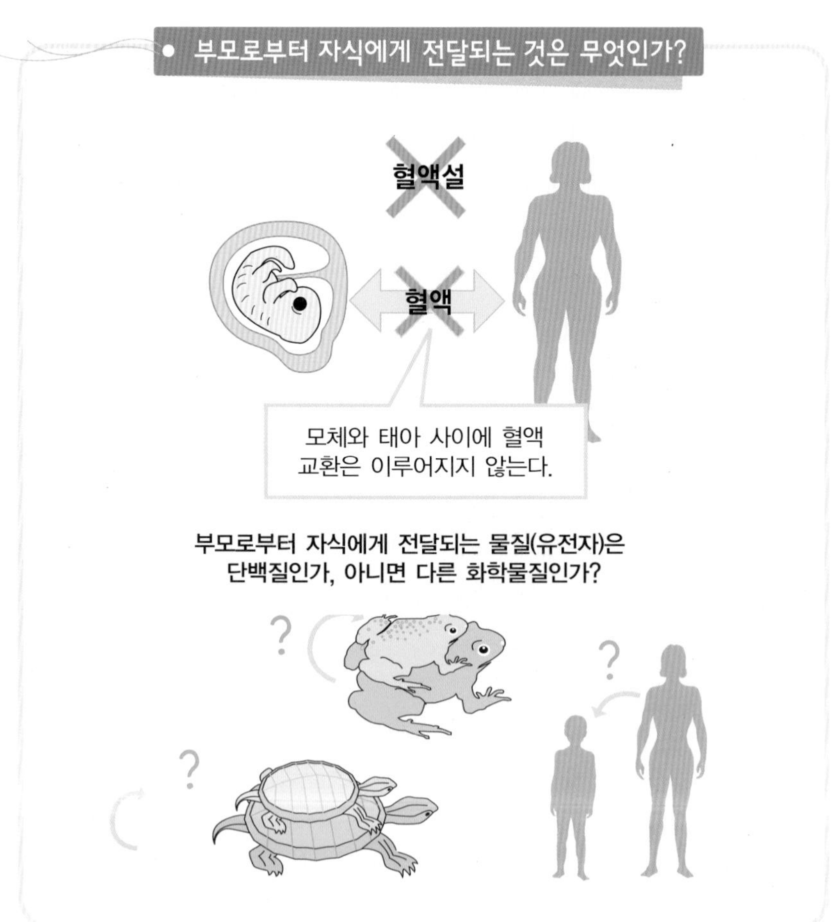

나 어머니와 태아의 혈액이 섞이는 일도 없다. 모체와 태아는 태반을 통해서 산소나 이산화탄소, 영양분이나 노폐물을 주고받을 뿐이다. 그럼 부모로부터 자식에게 전달되는 것은 도대체 무엇일까?

자식이 부모를 닮는 것은 '유전자'가 전달되기 때문이다. 하지만 유전자가 어떤 화학물질인지는 오랫동안 몰랐다. 한동안 유전물질이 단백질이라고 여겨졌던 시기가 있었다. 단백질은 다른 화합물에 비해 복잡하기 때문에 유전과 같은 복잡한 현상을 담당하는 것은 단백질이 틀림없다고 여겼던 것이다.

유전물질이 핵산의 일종인 DNA라는 것을 증명한 것은 미국의 세균학자인 에이버리(Oswald Avery, 1877~1955)이다. 그는 폐렴의 병원체인 폐렴쌍구균을 연구했다. 이 균은 피막을 가지며 병원성이 있는

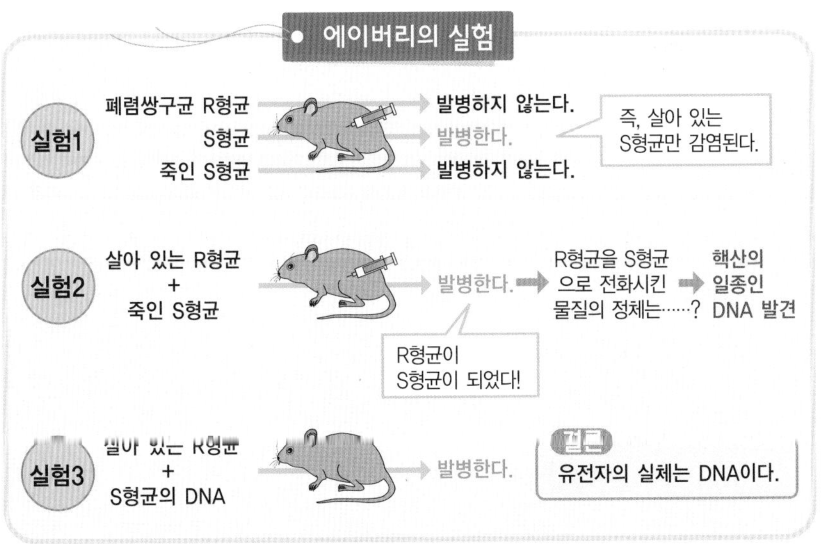

S형균과, 피막도 없고 병원성도 없는 R형균이 있다. S형균은 분열하면 항상 S형균이 생기고, R형균으로부터는 항상 R형균이 생긴다. 그런데 살균한 S형균과 살아 있는 R형균을 섞으면 R형균이 S형균으로 형질 전환을 일으켜서 병원성이 생기게 된다.

에이버리는 S형균에 들어 있는 어떤 물질이 R형균을 S형균으로 전환시켰는지를 조사했다. 1944년 그는 S형균의 DNA를 99.8퍼센트까지 정제하여, 그 물질이 형질 전환을 일으킨다고 학회에서 발표했다. 당시에는 남은 0.2퍼센트의 단백질이 형질 전환을 일으키는 것이 아니냐는 반론이 나왔지만, 현재는 에이버리가 '유전자의 실체가 DNA이다' 라는 것을 알아낸 최초의 발견자로 인정받고 있다.

02 비만도 유전인가?

비 만 유 전 자 의 발 견

운동부족이나 과식 등의 원인으로 살이 찌면 당뇨병이나 고혈압, 동맥경화나 심장병 등 여러 가지 병에 걸리기 쉽다. 그래서 건강에 관심이 많은 현대인에게 다이어트는 필수다. 하지만 다이어트도 그 나름대로 목표로 한 결과를 얻는 사람이 있는 반면에, 아무리 다이어트를 열심히 해도 좀처럼 살이 빠지지 않는 사람이 있다. 특히 부모가 비만일 경우에 자식이 비만이 되는 비율은 80퍼센트, 부모가 비만이 아닐 경우에 자식이 비만이 되는 비율은 20퍼센트이기 때문에, 비만은 유전과 깊은 관계가 있다는 것을 알 수 있다.

그럼 부모가 비만이면
다이어트를 해도
소용없겠네요.

그렇지는 않아. 노력해서
단, 같은 칼로리의 것을 먹더라도 살찌기
쉬운 체질인 사람은 금방 살이 쪄버려.

1950년에 돌연변이 쥐의 일종인 비만 쥐가 발견되었다. 이 쥐는 비만을 의미하는 obese의 첫 글자를 따서 ob/ob마우스라고 불렸다. 또 1966년에는 다른 유전자에 이상이 있는 비만 쥐 db/db마우스가 발견되었다(db는 diabetes의 약자로, 당뇨병이라는 뜻). 하지만 오랫동안 이들 쥐들이 왜 비만이 되었는지는 알 수 없었다.

1994년 말, 미국 록펠러 대학의 제프리 프리드만 박사팀이 ob/ob 마우스로부터 비만유전자(ob유전자)를 발견했다. 그리고 정상인 ob 유전자로부터 만들어진 단백질을 ob/ob마우스에게 투여했더니, 이 쥐는 급속히 살이 빠졌다. 그래서 이 단백질은 그리스어의 렙토스(살이 빠진다는 뜻)에서 이름을 따 렙틴(leptin)이라고 불렸다.

● 비만의 메카니즘

정상 쥐의 경우

시상하부에 렙틴이 작용하면 그만 먹는다.

비만 쥐의 경우(ob/ob마우스)

정상적인 렙틴이 생기지 않기 때문에 계속 먹는다.

렙틴은 지방을 비축하는 지방세포로 만들어지는 단백질호르몬으로, 과식하면 분비되어 뇌의 시상하부에 작용하여 '그만 먹어라' 는 하는 지령을 내린다. 하지만 ob유전자에 변이가 일어나면 잘못된 렙틴이 나오기 때문에 식욕을 억제하지 못하고 비만이 된다.

한편 db/db마우스의 경우 렙틴은 정상이지만, 렙틴수용체의 유전자(db유전자)에 변이가 일어난다. 이 쥐는 뇌세포 표면에 렙틴수용체를 만들 수 없기 때문에 뇌에 렙틴의 자극을 전달할 수가 없다. 그래서 과식을 하게 되고, 비만이 되는 것이다.

현재까지 ob유전자, db유전자 이외에도 비만유전자가 잇따라 발견되어, 비만을 불러일으키는 메커니즘이 희미하게나마 보이게 되었다.

렙틴을 줘도 살이 안 빠지는 비만 쥐의 경우(ob/ob마우스)
아직은 괜찮아.
시상하부
렙틴
이제 그만 먹으라고 하는데도……

시상하부의 렙틴수용체가 고장났기 때문에 계속 먹는다.

03

혈액형은 어떻게 결정되는가?

혈 액 형 도 유 전 된 다

사람의 성격이 혈액형에 따라 다르다고 이야기하는 사람들이 있다. 그들에 따르면 A형은 꼼꼼하고, B형은 개성이 강하고, O형은 대범하고, AB형은 시원시원하다고 한다. 하지만 이것은 신빙성이 전혀 없다. 소심한 성격 때문에 자신이 A형인 줄 알았던 사람이, 혈액검사 결과 O형이라는 것을 알고 나서부터 갑자기 성격이 대범해질 수는 없는 것이다.

혈액형과 성격의 관계는 차치하더라도 과연 혈액형이란 도대체 무엇인가? 타인의 혈액을 수혈하면 어떤 경우에는 괜찮지만, 또 어떤 경우에는 혈액이 굳어져서 수혈받은 사람이 죽어 버리는 경우가 있다. 이로 인해 혈액형의 구별이 중요하게 여겨지게 되었다.

혈액형의 구별법에는 많은 종류가 있는데, ABO식 혈액형 이외에도 1901년에 오스트리아의 의사 란트슈타이너(Karl Landsteiner, 1868~1943)에 의해 발견된 Rh식 혈액형이나 루이스식, MN식 등 수십 가지의 혈액형이 알려져 있다.

Rh식 혈액형은 임상적으로 아주 중요한 혈액형이야. Rh인자가 있는 것을 Rh양성(Rh+), 없는 것을 Rh음성(Rh-)라고 해. Rh식 혈액형은 6종류 이상의 항원이 관계하는 아주 복잡한 체계로 ABO식이나 MN식과 함께 친자감별 등에 매우 중요시되고 있어.

여기에서는 ABO식 혈액형에 대해 알아보자. 혈액형이 다른 사람의 혈액을 섞으면 적혈구끼리 모여서 응고하는 경우가 있다. 이것은 적혈구의 표면에 있는 '당사슬'이라는 물질이 약간 다르기 때문에 일어난다. 대부분의 사람에게는 당사슬에 O형 물질이 있다. A형인

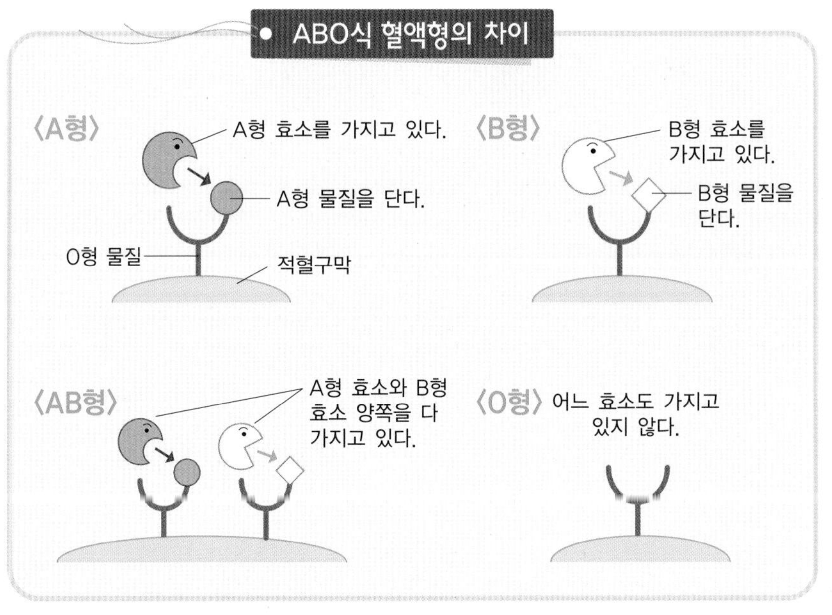
ABO식 혈액형의 차이
〈A형〉
A형 효소를 가지고 있다.
A형 물질을 단다.
O형 물질
적혈구막
〈B형〉
B형 효소를 가지고 있다.
B형 물질을 단다.
〈AB형〉
A형 효소와 B형 효소 양쪽을 다 가지고 있다.
〈O형〉
어느 효소도 가지고 있지 않다.

사람은 O형 물질 끝에 당(α-N-아세틸글리코사민)이 또 하나 붙은 A형 물질을 가지고 있다. 한편 B형인 사람은 O형 물질 끝에 또 다른 종류의 당(α-갈락토오스)이 붙은 B형 물질을 가지고 있다.

이 물질들을 만들기 위해서는 각각 다른 효소가 필요하다. A형인 사람은 A형 효소를, B형인 사람은 B형 효소를 가지고 있다. AB형인 사람은 양쪽 효소를 다 가지고 있는데, O

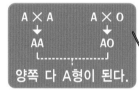

혈액형에도 우성유전(A형,B형)과 열성유전(O형)이 있어. 예를 들면 A와 O가 만난 경우, AO형이 되는데, O가 열성이기 때문에, 표면에 나타나는 혈액형은 A형이 되는 거지. 그러므로 혈액형이 A형인 사람에게는 AA형과 AO형인 사람이 있는 거야.
A × A
AA
A × O
AO
양쪽 다 A형이 된다.

혈액형의 유전패턴

모 \ 부	A형 (AA, AO)	B형 (BB, BO)	AB형	O형
A형 (AA. AO)	A형(AA, AO) O형	A형(AO) B형(BO) O형(OO) AB형	A형(AA, AO) B형(BO) AB형	A형(AO) O형(OO)
B형 (BB. BO)	A형(AO) B형(BO) O형(OO) AB형	B형(BO) O형(OO)	A형(AO) B형(BB. BO) AB형	B형(BO) O형(OO)
AB형	A형(AA, AO) B형(BO) AB형	A형(AO) B형(BB, BO) AB형	A형(AA) B형(BB) AB형	A형(AO) B형(BO)
O형	A형(AO) O형(OO)	B형(BO) O형(OO)	A형(AO) B형(BO)	O형(OO)

형인 사람은 어느 쪽 효소도 가지고 있지 않다. 효소는 단백질의 일종으로, 서로 다른 유전자 정보에 의해 만들어진다. 그래서 혈액형은 부모 자식 간에 유전되는 것이다.

자식의 혈액형은 부모의 혈액형에 따라 결정되는데. 그로 인해 친자감정에 자주 이용된다. A형과 A형 부모로부터는 A형이나 O형 자식이 태어나지만, B형 자식은 태어나지 않는다. 단 아주 드물지만, A형 효소가 갑자기 변이를 일으켜서 B형 효소의 역할을 하게 되는 경우가 있다. 이런 경우에는 이론대로 유전이 일어나지 않으므로, 친자감정을 할 수 없기 때문에 주의가 필요하다.

04

유전에는 법칙이 있다

멘델의 3가지 법칙

유전자의 법칙을 처음 발견한 사람은 오스트리아의 목사인 멘델(Gregor Johann Mendel, 1822~1884)이었다. 19세기 중엽, 그는 완두콩을 이용해 교배 실험을 해서 잎 색깔이나 종자 모양 등이 전해지는 방법에 법칙성이 있다는 것을 발견했다. 그는 부모로부터 자식에게 전해지는 인자를 가정하여 이 법칙을 설명했는데, 이 형질을 지배하는 인자가 바로 우리가 '유전자'라고 부르고 있는 것이다. 멘델의 법칙으로는 '우성의 법칙', '분리의 법칙' 그리고 '독립의 법칙' 등

우성이 뛰어난 형질이고,
열성이 뒤떨어지는 형질인가요?

그런 뜻은 아니야.
혈액형의 유전에서는 O형이
열성이지만, O형인 사람이
다른 혈액형인 사람보다
뒤떨어지는 경우는 없잖아.

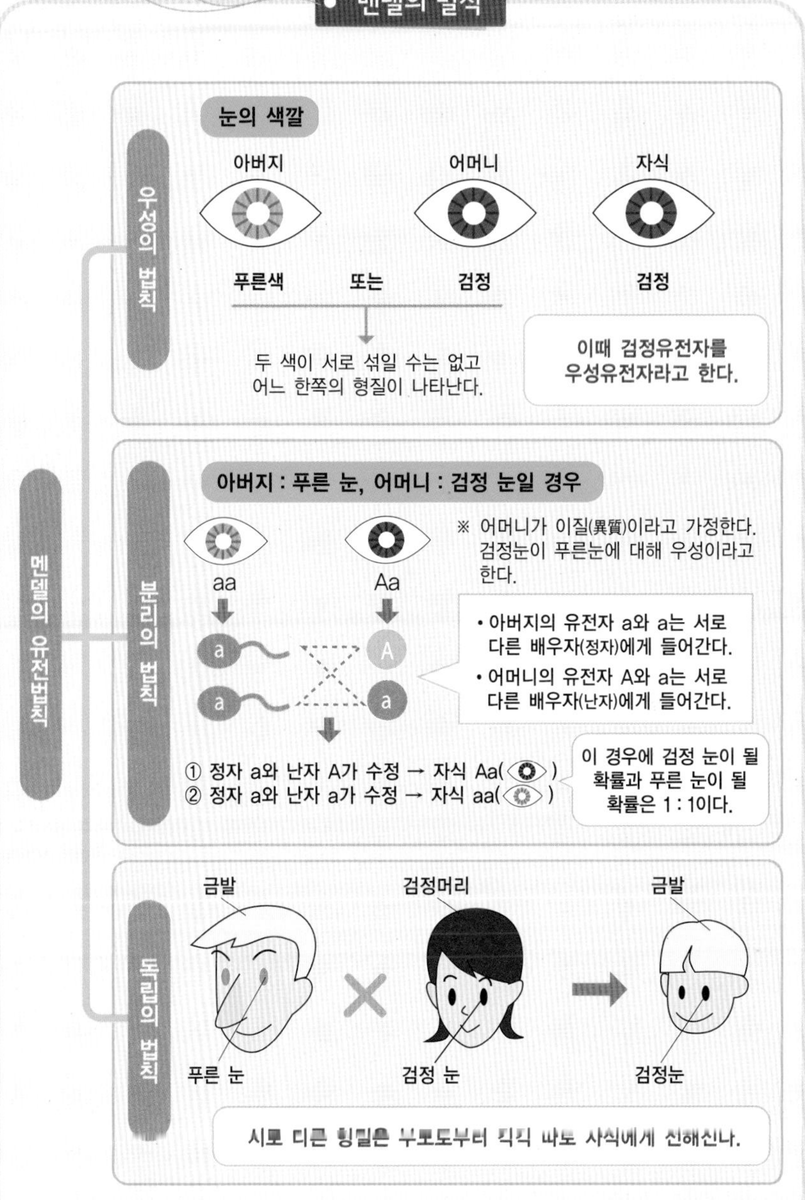

멘델의 법칙
멘델의 유전법칙
우성의 법칙
눈의 색깔
아버지
어머니
자식
푸른색
또는
검정
검정
두 색이 서로 섞일 수는 없고
어느 한쪽의 형질이 나타난다.
이때 검정유전자를
우성유전자라고 한다.
분리의 법칙
아버지 : 푸른 눈, 어머니 : 검정 눈일 경우
※ 어머니가 이질(異質)이라고 가정한다.
검정눈이 푸른눈에 대해 우성이라고
한다.
aa
Aa
a
a
A
a
• 아버지의 유전자 a와 a는 서로
다른 배우자(정자)에게 들어간다.
• 어머니의 유전자 A와 a는 서로
다른 배우자(난자)에게 들어간다.
① 정자 a와 난자 A가 수정 → 자식 Aa( )
② 정자 a와 난자 a가 수정 → 자식 aa( )
이 경우에 검정 눈이 될
확률과 푸른 눈이 될
확률은 1 : 1이다.
독립의 법칙
금발
검정머리
금발
푸른 눈
검정 눈
검정눈
서로 다른 형질은 부모로부터 각각 따로 자식에게 전해진다.

3가지가 알려져 있다.

'우성의 법칙' 은 눈의 색깔이나 머리카락 색으로 대표되듯이 쌍이 되는 형질(대립형질) 중에서 어느 한쪽 형질만 나타난다는 법칙이다. 예를 들면 푸른 눈을 가진 부모와 검정 눈을 가진 부모 사이에 태어난 아이의 눈 색깔은 푸른색이나 검정색이 되며, 그 중간 형태의 형질은 나타나지 않는다. 이때 형질이 나타난 유전자(우성유전자)를 대문자(A, B 등)로 나타내며,형질이 나타나지 않은 유전자(열성유전자)는 소문자(a, b 등)로 표시한다.

'분리의 법칙' 은 쌍이 되는 유전자 A와 유전자 a가 나뉘어서, 수컷이나 암컷의 배우자(정자나 난자에 상당하는 것)에 각각 따로 들어간다는 법칙이다. 따라서 수정 시의 조합으로서는 ① A를 가진 정자와 A를 가진 난자, ② A를 가진 정자와 a를 가진 난자, ③ a를 가진 정자와 A를 가진 난자, ④ a를 가진 정자와 a를 가진 난자의 4가지가 있다. 이중 어떤 조합이 될지는 부모가 가진 유전자에 따라 달라진다.

'독립의 법칙' 은 눈의 색과 머리카락 색처럼 전혀 다른 형질은 서로 간섭하는 일 없이 각각 따로 부모로부터 물려받는다는 법칙이다.

멘델이 이 법칙들을 발견한 1865년에는 아무도 그의 발견에 주목하지 않았다. 하지만 멘델이 죽은 후 그의 논문이 재발견되어 멘델은 유전학의 창시자가 되었다.

05

DNA는 체내의 어디에 있나?

세포와 DNA

멘델이 정의한 유전자는 어디에 있는 것일까? 앞서 설명한 대로 우리 몸은 많은 세포로 이루어져 있으며, 유전자는 그 세포 속에 있다. 하지만 이 말만 가지고는 유전자의 모습이 상상이 가지 않을 것이다. 그래서 가장 단위가 큰 인간의 세계에서 DNA의 세계까지 순서대로 이해를 하다 보면 쉽게 파악이 가능할 것이다. 1분마다 10분의 1씩 작아지는 기구를 타고 있다고 상상해 보자. 이 기구를 타면 DNA 세계까지 8분 만에 갈 수 있다.

지금 우리가 살고 있는 세계는 미터의 세계라고 할 수 있다. 우리의 신장도 1미터+α이며, 지금 이 책을 읽고 있는 방 크기도 수 미터라고 할 수 있다. 도로 폭도, 건물 높이도 대부분 미터가 기준이다.

자, 그럼 1분이 경과했다. 우리는 수십 센티미터의 세계에 있다. 여기는 고양이와 쥐의 세계다. 고양이가 우리의 기구를 가지고 놀고 있다.

2분 경과. 이번에는 곤충과 같은 크기다. 투구벌레나 사슴벌레가 너무 무섭다. 빨리 도망가지 않으면 그들에게 짓밟혀 버릴 것 같다.

3분 경과, 밀리미터의 세계로 왔다. 이제 우리는 진드기나 벼룩과 비슷한 크기이다. 벼룩이 점프하여 마치 대포알처럼 저 멀리 뛰어갔다.

4분 경과 후 여기는 0.1밀리미터, 다시 말하면 백 미크론의 세계다. 육안으로 겨우 볼 수 있는 세계로 왔다. 물속에서 헤엄치고 있는

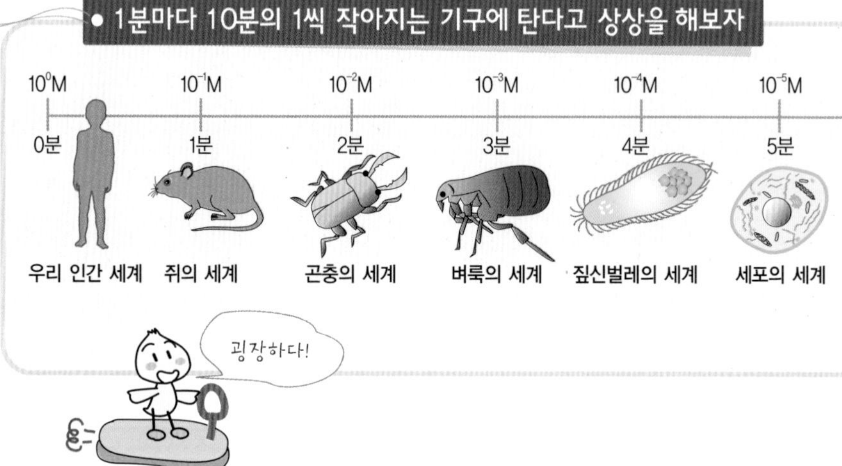

것은 짚신벌레나 유글레나이다.

5분 경과다. 10미크론의 세계는 다세포 생물의 평균적인 세포 크기다. 저기 혈관 속을 적혈구가 힘차게 흘러가는 것이 보이는가?

6분이 경과했다. 1미크론의 세계다. 드디어 세포 속으로 들어왔다. 1개의 세포가 빌딩만 하게 보일 것이다. 이제 세포 속으로 들어가 보자. 우리와 같은 크기 정도의 미토콘드리아나 소포체, 골지체 사이를 빠져나가자 크고 동그란 공이 보인다. 그렇다. 그것이 핵이다. 바로 이 속에 유전자가 들어 있다.

7분을 경과했다. 0.1미크론, 다시 말하면 100나노미터의 세계다.

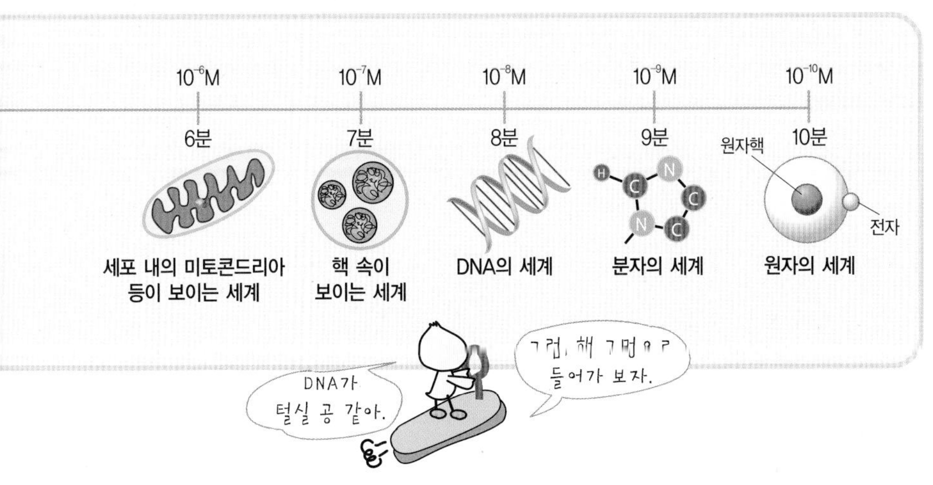

핵이 큰 기구만한 공으로 보인다. 군데군데 작은 구멍이 뚫려 있다. 바로 핵공이다. 여기를 지나 안으로 들어가 보자. 가는 실과 같은 것이 DNA이다. 평소에는 이처럼 핵 속 전체에 퍼져 있으며, 언제든지 일할 수 있도록 되어 있다. 세포가 분열할 때 DNA는 단백질과 함께 모여서 염색체가 된다.

8분 경이 지났다. 10나노미터의 세계다. 드디어 DNA에 도착했다. 굵기 2나노미터의 DNA를 손에 두고 볼 수가 있다. DNA는 2개의 사슬이 얽혀 있는 긴 끈 모양의 물체다. 다음 항목에서 DNA에 대해서 좀 더 자세히 살펴보자.

06 나선계단으로 전할 수 있는 유전 정보

DNA의 형태와 역할

앞에 이어서 DNA의 입체 구조를 잠깐 살펴보자. DNA는 2개의 실이 서로 얽힌 이중나선 구조를 하고 있다. DNA의 2개의 실 사이는 나선계단과 같이 되어 있다. 나선계단의 난간 즉, 실에 해당하는 부분은 인산과 당(디옥시리보오스)이 교대로 연결되어 있다. 유전물질 DNA의 이름은 이 당에서 유래하고 있으며, 디옥시리보핵산(Deoxyribonucleic acid)의 약자가 DNA다.

한편, 나선의 층계에 해당하는 부분에는 4종류의 염기, 아데닌(A라는 약자 사용), 구아닌(G), 시토신(C), 티민(T)이라는 물질이 나선계단의 층계의 난간에 있는 당에서 안쪽으로 1개씩이 뻗어 있다. 이들은 층계 중앙에서 약한 수소결합으로 다른 쪽 염기와 결합하고 있다. 이때 아데닌과 티민, 구아닌과 시토신은 반드시 쌍을 이루며 결합한다. 그러므로 층계의 한쪽에서 A가 나와 있으면, 다른 한쪽에서는 T가 나와 있고, 한쪽이 C라면 상대는 G가 된다.

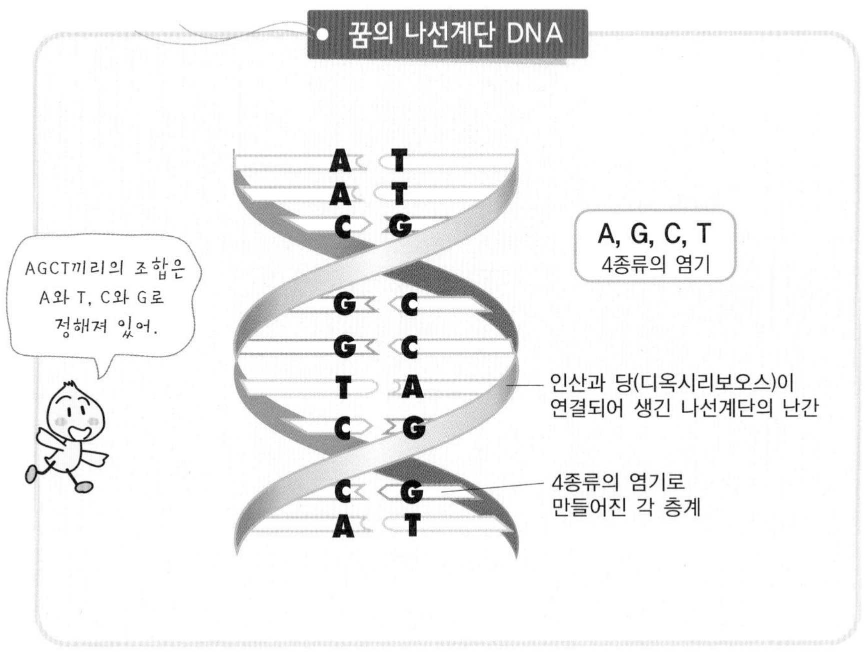

그럼, 지금부터 분열을 시작한 세포를 살펴보자. 세포분열에 앞서 DNA 복제가 행해진다. DNA의 유전정보는 이중나선의 안쪽 염기 부분에 들어 있기 때문에 마치 지퍼를 열듯이 이중나선을 열지 않으면 안 된다. DNA의 이중나선을 여는 효소가 작용하면, 수소결합이 떨어져서 2개가 1조로 되어 있던 염기와 염기 사이가 벌어져서 각각 단일나선의 DNA가 된다.

다음으로 그 단일나선에 붙어 있는 염기에 대응하는 염기(A라면 T라는 식으로)가 뉴클레오티드(1개의 당, 1개의 인산기 및 1개의 염기로 이루어진 화합물로, DNA의 구성단위) 상태로 다가와서 새로 수소결합을 형성한다.

그러면 즉시 DNA를 합성하는 효소(DNA 폴리메라아제)가 뉴클레오티드의 난간에 해당하는 인산 부분을 옆에 있는 뉴클레오티드의 당에 연결한다(이 결합을 포스포디에스텔결합이라고 한다). 이렇게 해서 나선계단의 다른 한 쪽의 난간이 차례로 만들어지는 것이다.

DNA가 유전정보를 전할 수 있는 것은 염기 쌍의 결합이 A-T, G-C로만 이루어지기 때문이다. 이로 인해 DNA 상에 배열된 염기배열을 정확히 복사하여 자손에게 물려줄 수 있다.

이중나선의 한쪽은 오래된 채로, 다른 한쪽은 완전히 새로 만들어진다. 따라서 이렇게 DNA가 만들어지는 법을 '반보존적 복제' 라고 한다.

DNA의 반보존적 복제

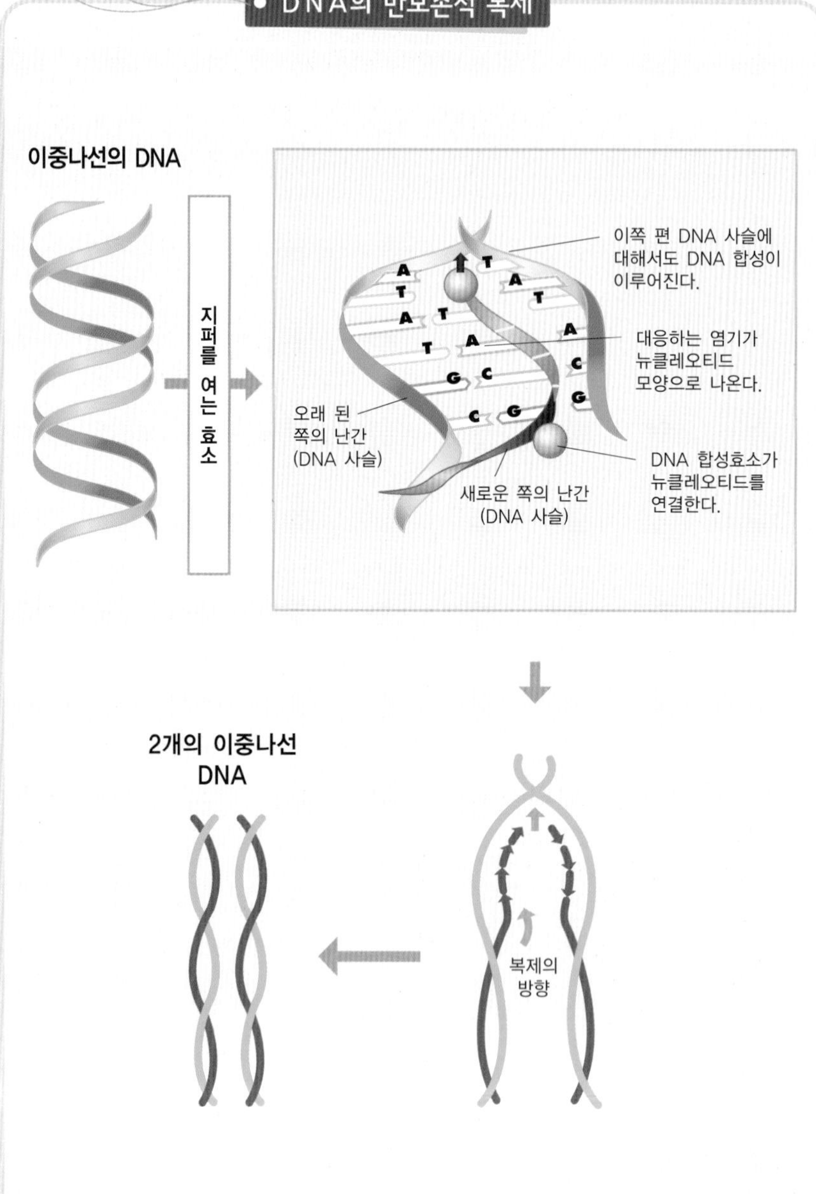

이중나선의 DNA
지퍼를 여는 효소
이쪽 편 DNA 사슬에 대해서도 DNA 합성이 이루어진다.
대응하는 염기가 뉴클레오티드 모양으로 나온다.
오래 된 쪽의 난간 (DNA 사슬)
새로운 쪽의 난간 (DNA 사슬)
DNA 합성효소가 뉴클레오티드를 연결한다.
A
T
A
T
A
T
A
T
A
C
G
C
C
G
G
C
2개의 이중나선 DNA
복제의 방향

07

유전 암호는 오직 4글자

D N A → R N A → 단 백 질

DNA의 유전정보는 RNA라는, DNA와 닮은 핵산에 전해진다. 그것이 핵에서 나와서 리보솜으로 가면 RNA의 정보에 따라서 아미노산을 직렬로 연결하여 단백질을 만든다. 이렇게 DNA에서 RNA로, RNA에서 단백질로 유전정보가 전해지는 것을 센트럴도그마(중심명

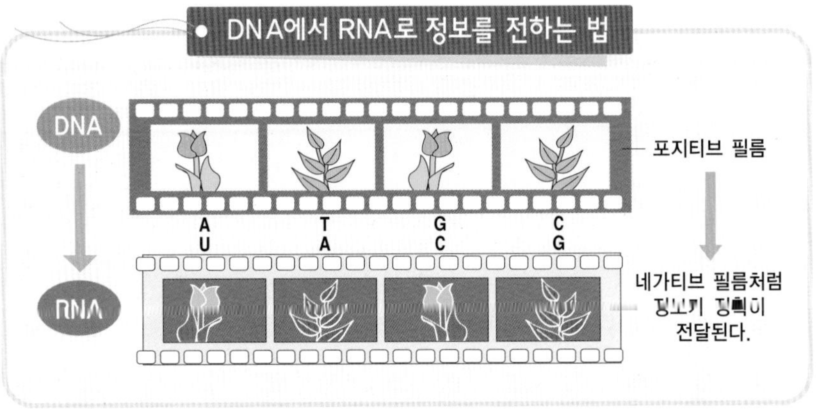

• DNA에서 RNA로 정보를 전하는 법

제)라고 한다.

DNA의 구조에서도 언급했듯이 유전자에 적힌 정보는 A, G, C, T, 오직 4종류의 염기로 표현된다. 한편 RNA도 아데닌(A), 우라실(U), 구아닌(G), 시토신(C) 등 4종류의 염기로 구성되어 있다. 이렇듯 가지고 있는 문자의 수가 같으면 대응관계도 단순하기 때문에 쉽게 정보를 주고받을 수 있다. DNA에서 RNA로는 마치 포지티브 필름에서 네가티브 필름을 만들 듯이 정보가 정확히 베껴진다.

하지만 RNA에서 단백질로 정보가 전달될 때는 그렇게 간단하지가 않다. DNA나 RNA를 구성하는 염기는 각각 4종류인데 비해 단백질을 구성하는 아미노산은 약 20종류이기 때문이다. 오직 4종류의 염기 정보만으로는 20종류나 되는 아미노산 중에서 어느 것을 고를지 결정할 수 없다. 게다가 자주 사용되는 아미노산은 20종류지만, 최근에 그것 이외의 아미노산도 몇 개 더 발견되었다.

그럼, 2개의 염기를 조합하면 어떨까? 처음 염기가 4종류, 다음 염기도 4종류, 따라서 4×4=16종류의 조합이 생기는데, 이것으로는 아직 20종류에서 부족하다. 그럼 염기 3개면 어떨까? 4×4×4=64가지가 된다. 이렇게 되면 20종류의 아미노산 중에서 1종류의 아미노산만을 결정할 수 있다. 이러한 3개조 유전암호는 눈에 보이지 않는 바이러스나 세균, 동물이나 식물에 이르기까지 모든 생물이 채용하고 있다.

즉, 유전의 비밀은 염기배열법의 사진법四進法에 의한다. 아미노산을 결정하는 3개의 염기배열법을 트리플렛(triplet ; 3개조 염기)이라고 하며, 그 3글자를 코돈(codon)이라고 부르고 있다.

한편 RNA에도 몇 가지 종류가 있는데 DNA의 유전정보를 베껴서, 그 정보를 단백질에게 전달하는 RNA를 mRNA, 아미노산을 리보솜까지 운반하고 단백질 합성에 관여하는 RNA를 tRNA라고 한다.

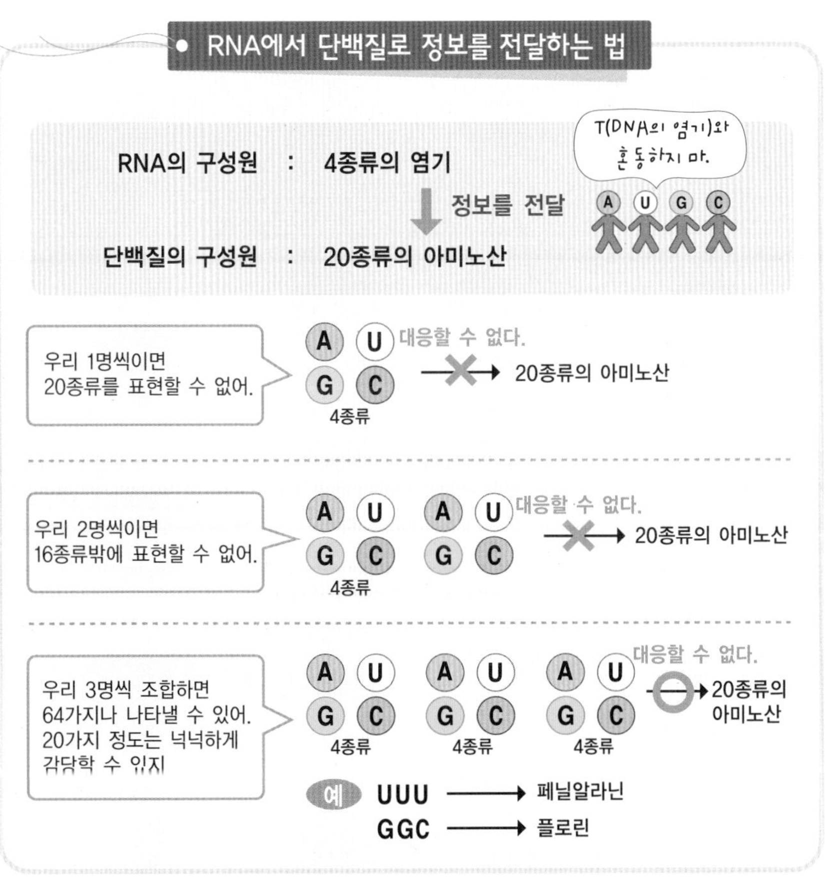

08 인간게놈 해석으로 알게 된 것들

나의 DNA

얼마 전 전 세계적으로 '인간게놈 프로젝트'라는 국제적 협동프로젝트가 사람들의 관심을 끌었다. 그런데 인간게놈이란 도대체 뭘 말하는 것일까?

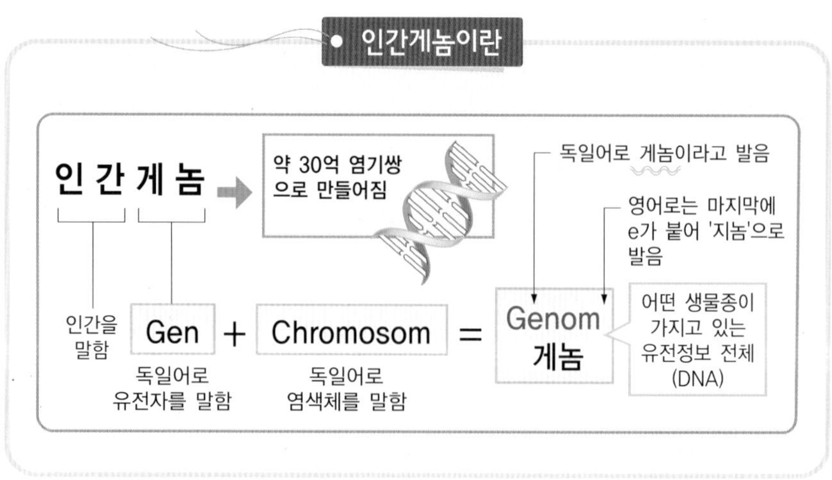

인간게놈에서 인간은 물론 우리 인간을 말하며 생물학에서도 인간의 종명을 '인간' 이라고 표현한다. 한편 게놈(영어로는 지놈이라고 발음한다 ; Genom)은 어떤 생물 종이 가지고 있는 유전정보 전체를 가리키는 말로, 그 생물 종의 유전자 전부를 포함한다. 즉, 게놈은 인간의 몸을 만드는 설계도라고 할 수 있다.

인간게놈의 실체는 DNA인데 유전정보를 해석하기 위해서는 DNA에 포함된 4종류의 염기가 어떤 순서로 배열되어 있는지 즉, 염기배열(시퀀스)을 조사하는 것이 중요하다.

즉, 인간게놈 프로젝트란 인간 DNA의 모든 염기배열을 해독하는 것을 말한다. 다시 말해 인간이 가진 모든 유전정보 즉, 인간의 몸을 만드는 설계도의 전체 모습을 밝혀내고자 하는 장대한 계획을 말하는 것이다.

인간게놈은 약 30억 개나 되는 염기쌍(base pair : 약자로 bp(주)으로 이루어져 있다. 이것을 30억bp(베이스페어)라고 하며, 또 300만kb(킬로베이스), 또는 3000Mb(메가베이스)라고 하기도 한다.

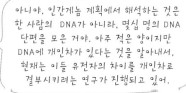

음...... 더 모르겠어요.
인간은 모두 같은 인간게놈을
가지고 있으면 모두
같은 인간이 되어 버리잖아요.

아니야, 인간게놈 계획에서 해석하는 것은
한 사람의 DNA가 아니라, 몇십 명의 DNA
단편을 모은 거야. 아주 적은 양이지만
DNA에 개인차가 있다는 것을 알아내서,
현재는 이들 유전자의 차이를 개인차로
결부시키려는 연구가 진행되고 있어.

※ **염기쌍** : DNA 분자는 2개의 사슬이 서로 얽힌 이중나선구조를 하고 있으며, 각각의 염기는 사슬에서 옆 방향으로 뻗어 2개의 사슬 쌍을 형성하고 있다. 이것을 염기쌍이라고 한다.

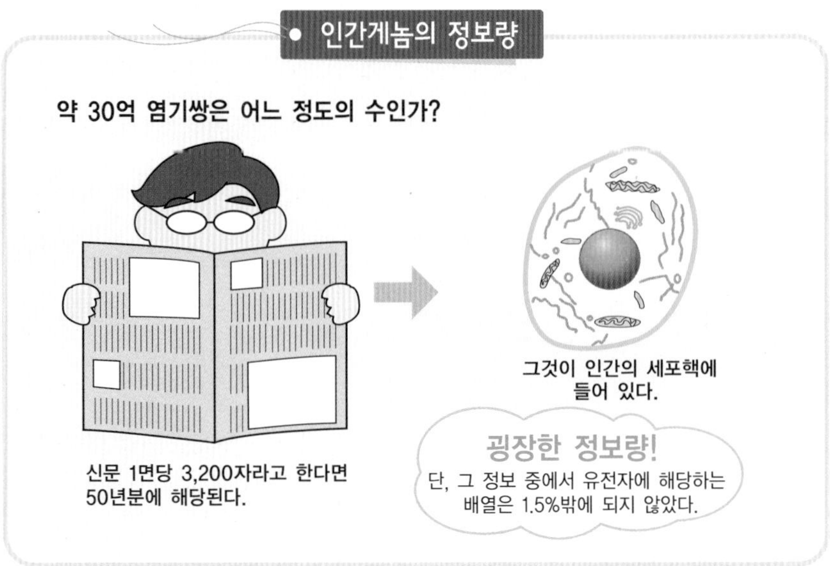

인간게놈의 정보량
약 30억 염기쌍은 어느 정도의 수인가?
그것이 인간의 세포핵에 들어 있다.
신문 1면당 3,200자라고 한다면 50년분에 해당된다.
굉장한 정보량!
단, 그 정보 중에서 유전자에 해당하는 배열은 1.5%밖에 되지 않았다.

이 숫자가 얼마나 큰 것인지 몇 가지 예를 들어 생각해 보자. 신문으로 하면, 약 50년분(1면당 3,200자 × 조간 30면 + 석간 20면 × 365일로 한 경우), 1권에 1,000페이지인 두꺼운 백과사전(1페이지당 3,000자로 한 경우)으로는 약 1,000권 분량이 된다. 또 염기배열을 10포인트 크기로 ATGCCGAAT라는 식으로 쓰면, 10센티에 약 30문자 정도 쓸 수 있으므로 30억 ÷ 30문자 × 0.1미터 = 1만 킬로나 되며, 이것은 지구 지름의 4분의 1이나 된다. 단, 그 방대한 DNA 중에서 유전자 정보를 가지고 있는 염기배열은 아주 극소수(전체의 1.5퍼센트)이다.

인간게놈은 24종류의 염색체(22종류의 상염색체와 2종류의 성염색체)로 나누어져 존재하며 가장 긴 것은 250Mb(2억 5,000만bp), 가장 짧은 것도 55Mb(5,500만bp)나 된다.

09 mRNA와 전사인자

같은 DNA로부터 여러 가지 세포가 만들어지는 이유

우리의 몸을 구성하는 각 세포가 가지고 있는 DNA에는 몸 전체의 유전정보가 들어 있다. 그렇기 때문에 DNA의 유전정보가 그대로 발현된다면 우리 몸을 구성하는 세포는 모두 같은 것이 되고 만다. 즉, 신경세포와 근육세포가 다른 것은 각각 가지고 있는 DNA가 다르기 때문이 아니라, 그 속에서 일하고 있는 유전자가 다르기 때문이다.

유전자가 일하면 DNA에서 mRNA로 전사가 일어나고, 그 mRNA는 리보솜에 운반되어 단백질을 합성한다. 바꿔 말하자면 유전자가 있더라도 그것이 일하지 않으면 mRNA가 만들어지지 않으며, 단백질도 합성되지 않는다는 것이다.

인간게놈 프로젝트에서는 염색체에 들어 있는 모든 DNA의 염기배열을 조사하는 것이 큰 목표였다. 그런데 그렇게 하면 DNA의 어디에 유전자가 들어 있는지 추측할 수는 있겠지만, 그 유전자가 정말로 일을 하고 있는지는 알 수가 없다.

mRNA는 아주 적고 고장 나기 쉬운 물질인데, mRNA의 유전정보를 DNA에 전사하는 과정을 '역전사逆轉寫' 라고 한다. 역전사된 DNA(cDNA)를 조사하면 어떤 유전자가 일하고 있는지를 알 수 있다. 현재는 cDNA가 어느 유전자에 대응하는지를 조사하는 획기적인 기술도 개발되었다.

그럼, 각각의 유전자의 스위치는 어떤 식으로 켜지고 꺼지는 것일

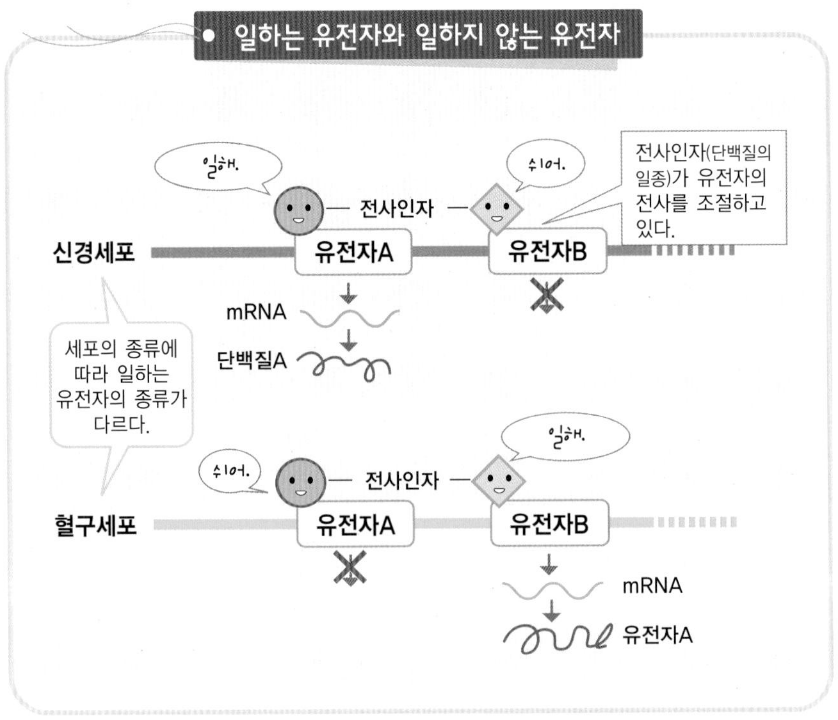

까? 각각의 유전자에는 그 역할을 촉진하는 단백질과 억제하는 단백질이 붙어 있다. 이 일군의 단백질을 '전사인자'라고 부른다. 전사인자에는 mRNA를 합성하는 효소인 RNA폴리머라아제와 그 역할을 돕는 일군의 단백질 복합체(기본전사인자) 외에, 그 장기에 따라 특이하게 전사를 촉진하거나 억제하는 일군의 단백질 복합체가 있다.

이들 전사인자의 역할 덕분에 갖가지 종류의 유전자를 일하게 하거나, 반대로 일을 못하게 할 수가 있는 것이다.

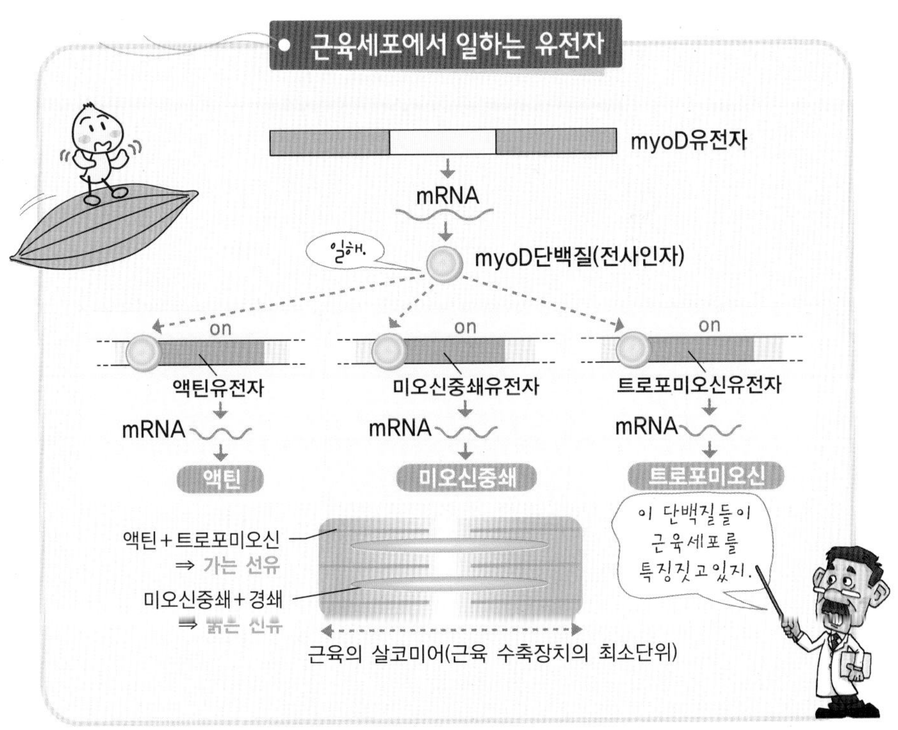

10

주목받는 프로테옴 해석

단 백 질 을 조 사 하 면 무 엇 을 알 수 있 나 ?

지금까지 유전자는 단백질을 만드는 설계도라는 것을 배웠다. 하지만 유전자의 염기배열과 유전자가 일하고 있는지 여부를 조사하는 것만으로 생물의 갖가지 현상을 모두 알 수 있는 것은 아니다.

실제로 몸 속에서 일하는 단백질의 양은 만들어지는 mRNA의 양과 비례하지 않는다. 어떤 단백질은 많이 만들어지는데 그것과 동시에 많이 부서지기도 하고, 반대로 mRNA 양은 적지만 거의 분해되지 않고 축적되기도 한다. 즉, 유전자가 일하는 것을 조사하는 것만으로 단백질의 현존량까지 추정할 수는 없는 것이다.

또 유전자 DNA에는 단백질의 아미노산 배열순서가 적혀 있을 뿐이므로, 그대로 단백질에 합성하더라도 끈 모양의 분자밖에 생기지 않는다. 그것이 제대로 일을 하려면 반듯한 모양으로 다시 되돌아가

단백질을 조사하는 이유

이유 1 인간의 유전자 수가 예상보다 적었다.

예상 ➡ 10만 개
실제 ➡ 3만 개

~~**DNA 1개 → RNA 1개 → 단백질 1개**~~라는 식으로 1대1대1로 대응하는 것이 아니라 실제로는 1종류의 유전자에서 **몇 종류나 되는 단백질이 만들어지고 있다.**

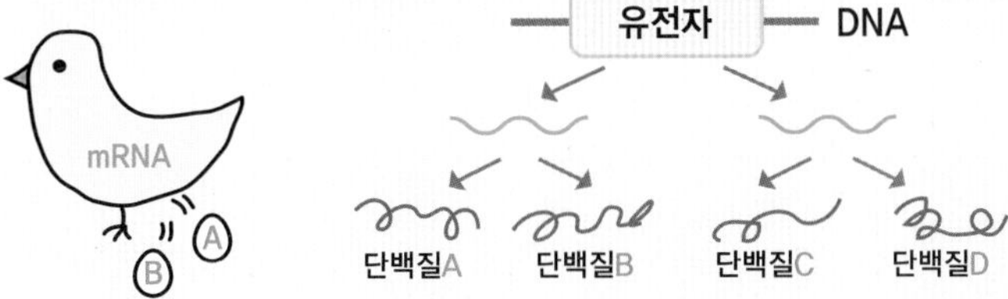

이유 2 만들어지는 mRNA의 수와 세포 내에 존재하는 단백질의 양이 반드시 비례하지는 않는다.

많이 만들어지고
많이 부서지는 단백질
(ex. 전사인자)

조금밖에 만들어지지 않지만
축적되는 단백질
(ex. 콜라겐)

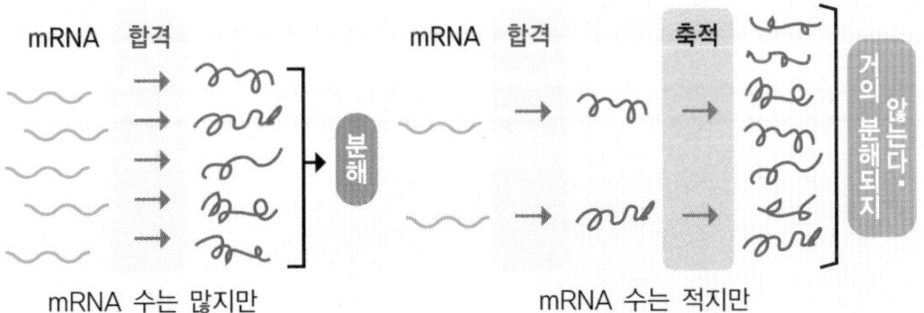

mRNA 수는 많지만
잔존하는 단백질 양은 적다.

mRNA 수는 적지만
잔존하는 단백질 양은 많다.

서 특유의 입체구조를 취해야 한다.

그런데 각각의 단백질이 어떤 입체구조를 취하느냐 하는 정보까지는 DNA에 나와 있지 않다. 그래서 단백질 자체를 몸속에서 꺼내어 그 입체구조를 조사할 필요가 생긴 것이다. 그 결과 1개의 유전자에서 여러 종류의 mRNA가 만들어지고, 거기에서 또 많은 종류의 단백질이 만들어지는 것을 알아냈다.

유전병처럼 유전자에 이상이 생긴 것이 병의 원인이 되는 경우에는, 유전자를 조사하면 된다. 하지만 생활 습관병과 같이 유전자와 생활환경 양쪽 모두가 관계할 경우에는 유전자를 조사해도 몸에 이상이 생기는 이유는 잘 알 수 없다.

이때 몸에 들어 있는 단백질을 가능한 한 많이, 단시간에 분리하여 조사하고자 하는 것이 프로테옴 해석이다. 프로테옴이라는 말은 세포나 조직에 존재하고 있는 모든 단백질을 의미한다. 앞으로는 프로테옴 해석이 포스트게놈 연구의 주류가 될 것이다.

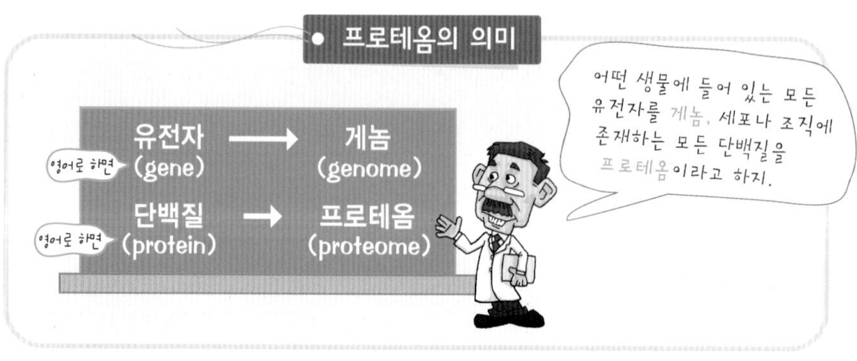
프로테옴의 의미
유전자 → 게놈
영어로 하면 (gene) (genome)
단백질 → 프로테옴
영어로 하면 (protein) (proteome)
어떤 생물에 들어 있는 모든 유전자를 게놈, 세포나 조직에 존재하는 모든 단백질을 프로테옴이라고 하지.

11

부품 연구에서 시스템 해명으로

생 물 은 움 직 이 는 시 스 템

지금까지 게놈이나 프로테옴에 대해 알아보았다. 그런데 유전자든 단백질이든 모두 우리의 몸을 이루고 있는 부품과 같은 것이다.

따라서 비록 인간의 모든 유전자가 해명되고 그것으로 만들어진 모든 단백질의 역할을 안다고 하더라고, 이들 분자가 어떤 식으로 조합되어 우리 몸이 완성되었는지까지는 밝혀낼 수 없다. 그것은 볼트나 톱니바퀴 등의 부품이 있더라도 어떻게 조합하는지를 모르면 어떤 기계가 완성될지 모르는 것과 마찬가지다.

하지만 우리 몸은 누구나 대개 비슷한 구조를 하고 있다. 얼굴에는 눈과 코, 입이 있다. 이와 같이 기본적인 몸의 구조는 사람에 따라 변하지 않는다. 그러므로 우리 몸 어딘가에 분자를 조합하여 세포를 만들고, 그 세포를 잘 배열해서 장기나 기관을 형성하기 위한 정보가 있을 것이다.

그러나 안타깝게도 우리의 DNA 유전정보에는 부품이 되는 단백질 설계도는 쓰여 있지만, 그 부품이 다른 부품과 어떤 식으로 조합하여 복합체를 만들고, 또 그것이 세포의 어디에 분포하는지에 대한 정보는 없다. 하물며 어떤 종의 세포가 몸 어디에 존재하는지에 관한 정보 역시 쓰여 있지 않다.

여기서는 문제를 간단하게 하기 위해 어떤 분자가 조합하여 세포가 생기는지로 이야기를 좁혀 보자.

우선 단백질의 상호작용 연구에서 어느 단백질과 어느 단백질이

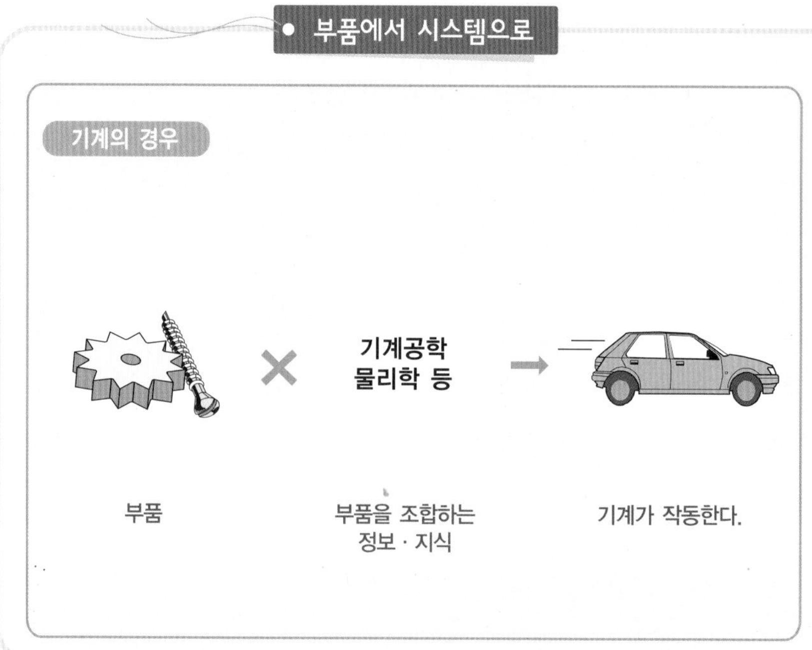

서로 작용하는가라는 정보를 얻을 수 있다. 또 어떤 종의 단백질에 색소를 발라놓고 현미경을 이용하여 세포를 자세히 관찰함으로써 그 단백질이 세포의 어디에 분포하고 있는지 알 수 있다.

이렇게 모은 방대한 정보를 이용한 컴퓨터 시뮬레이션을 통해 세포를 하나의 시스템으로 조합하고자 하는 학문이 등장했다. 그것이 '시스템 생물학' 이다.

시스템 생물학은 아직 생긴 지 얼마 되지 않은 분야이지만, 생물학의 여러 가지 정보가 축적됨에 따라 생물의 수수께끼를 해명하는 유력한 수단이 될 것으로 전망된다.

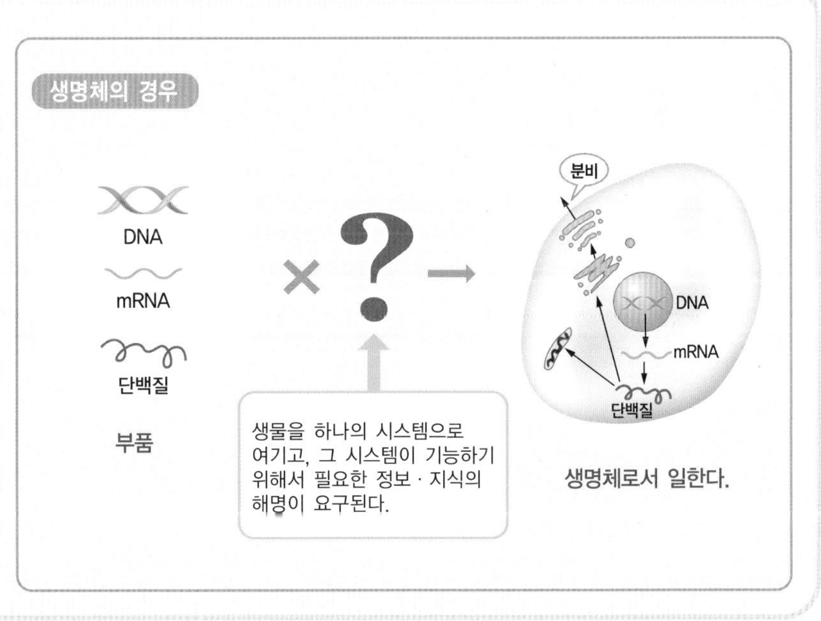
생명체의 경우
DNA
mRNA
단백질
부품
생물을 하나의 시스템으로 여기고, 그 시스템이 기능하기 위해서 필요한 정보 · 지식의 해명이 요구된다.
분비
DNA
mRNA
단백질
생명체로서 일한다.

12 생물학에 활용되는 나노테크놀로지

원자·분자단계에서 실험 가능

최근에 자주 듣는 말 중에 '나노테크놀로지' (생략해서 나노테크라고 함)가 있다. 나노란, '나노미터' 라는 길이의 단위를 말하며, 분자나 원자의 크기가 대개 그것에 해당된다. 1나노미터는 10의 마이너스 9승 미터로, 매우 작은 단위이다. 나노테크놀로지란 이 작은 크기의 물질을 취급할 수 있는 기술의 총칭이다.

나노테크의 발전 덕분에 우리는 지금까지 도저히 불가능했던 분자 1개의 조작을 할 수 있게 되었다. 예를 들면 주사형走查型 터널현미경이 개발되어, 빛이나 전자선으로는 도저히 볼 수 없었던 1개의 원자나 분자를 직접 관찰할 수 있게 된 것이다.

나노테크는 생물학의 연구에도 응용되고 있다. 형광색소를 단백질 분자에 결합시켜서 현미경으로 관찰함으로써 1개의 단백질 분자의

나노테크놀로지의 발전

지금까지의 기술

원자나 분자 등을 관찰할 수 없기 때문에 실험이나 연구를 하기 위해서는 여러 가지 방법을 시도해야만 했다.

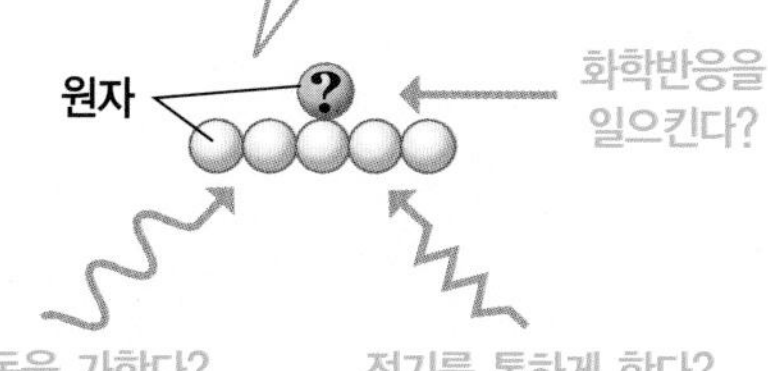
원자 의 존재를 발견하기 위해서
어떤 방법이 있을까?
원자
화학반응을
일으킨다?

진동을 가한다?　　전기를 통하게 한다?

나노테크

주사형 터널현미경 등 나노테크를 응용한 기술로
원자나 분자를 직접 관찰하거나 측정할 수 있게 되었다.

원자
앗, 원자가 하나만
위에 붙어 있네.

직접 관찰한다.

움직임을 관찰하거나, 분자 간에 발생하는 아주 작은 힘을 측정하는 등의 '1분자계측' 이 가능해졌다.

오사카대학의 야나기다 토시오柳田敏雄 교수팀은 근육에 들어 있는 액틴선유線維를 광학핀셋으로 집어 미오신섬유 위를 움직여서 ATP분자 1개가 분해하면 얼마만큼의 에너지가 발생하는지를 측정하는 데 성공했다. 이것은 근육이 수축할 때 발생하는 힘을 분자 단계에서 측정한 것이 된다.

● 분자 수준에서의 ATP분해와 발생하는 힘 측정

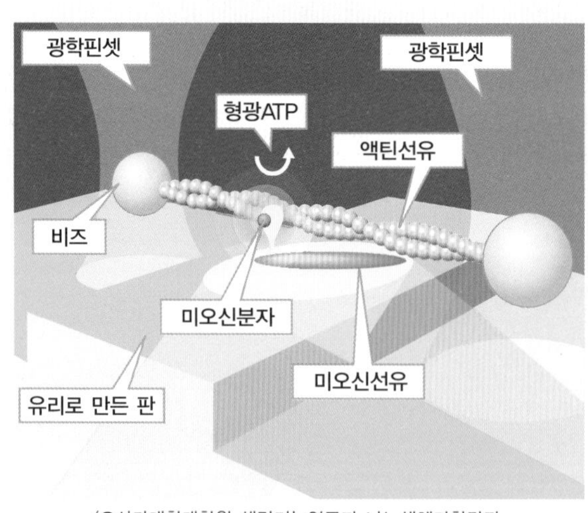

(오사카대학대학원 생명기능연구과 나노생체과학강좌 소프트바이오시스템 그룹의 공식홈페이지를 참고로 작성)

액틴선유의 양 끝에 비즈를 붙여서 광학핀셋으로 잡고 유리로 만든 판 위에 놓인 미오신선유 위를 움직여서 미오신분자와 상호작용시킨다.

APT 1분자가 붙어서 분해되고 떨어지는 모습을 관찰할 수 있으며, ATP 1분자가 분해하면 어느 정도의 에너지가 발생하는지 알 수 있다.

한편 도쿄대학의 키타모리 타케히코北森武彦 교수팀은 나노테크놀로지를 이용하여 작은 화학공장을 만들려고 한다. 그들은 슬라이드 글라스 위에 아주 가는(50~100미크론 정도) 홈을 미로처럼 만든 후, 그 위에 한 장 더 유리를 맞대어 칩을 만들었다. 그 칩 위에 뚫은 몇 개의 작은 구멍으로 각각 다른 물질이 들어 있는 용액을 흘려 넣으면 각 용액이 미로 속에서 만나서 화학반응이 일어난다. 키타모리 교수는 이 기술을 사용하여 여러 바이오칩 개발에 힘을 기울이고 있다. 예를 들면 암 진단용 칩의 경우, 암 항원에 대한 항체를 넣어둔 칩에 혈액을 넣으면 암 항원이 있는지 여부를 진단할 수가 있는 것이다.

chapter 7

몸은 어떻게 해서 생기는가?

"맨 처음 세포 즉, 수정란이 분열하면서 몸의 여러 부분이 생긴다. 그때 몸의 부분별로 일하는 유전자의 종류가 정해져 있다."

날개 세포와 부리 세포는 처음에는 수정란이라는 하나의 세포였다. 세포분열을 하면서 각각 날개와 부리로 바뀌었는데 이렇듯 세포분열은 발생 때의 세포와 어른이 된 후의 세포가 다르다. 맨 처음 세포 즉, 수정란이 분열하면서 몸의 여러 부분이 생기는데, 그때 몸의 부분별로 일하는 유전자의 종류가 정해져 있다. 즉, 근육의 경우 근육에 관한 유전자만 일을 해서 세포분열을 되풀이해서 근육을 만들어간다. 그리고 근육이 다 완성되면 같은 종류의 유전자만 사용해서 근육을 유지한다. 이번 장에서는 우리의 몸이 어떻게 해서 생기는가에 대해서 살펴보자.

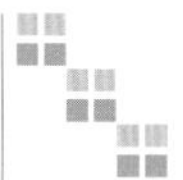

01 수정의 신비를 파헤치다

생명 탄생의 순간

왜 이 세상에는 남자와 여자가 있는 것일까? 성별은 인간에게만 있는 것이 아니다. 놀랍게도 짚신벌레 등의 원생동물조차도 성의 차이는 있다.

짚신벌레는 각각 여분의 핵을 하나씩 만들어 두고서, 2개의 개체

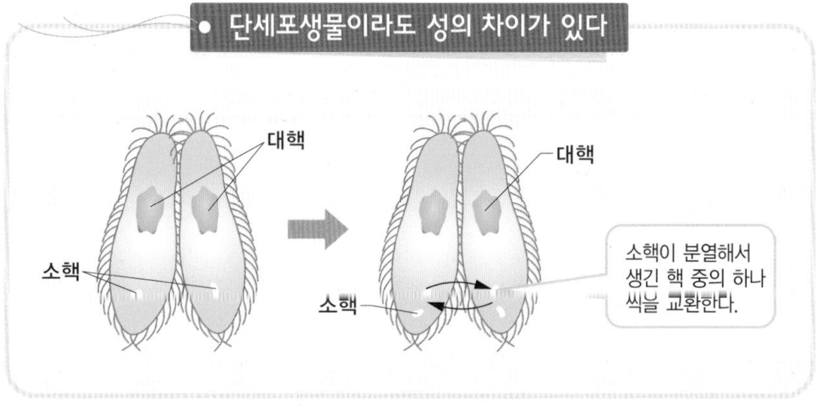

단세포생물이라도 성의 차이가 있다
대핵
소핵
대핵
소핵
소핵이 분열해서 생긴 핵 중의 하나씩을 교환한다.

가 붙어서(이것을 접합이라고 한다) 핵을 교환하기도 한다. 짚신벌레에서 암컷과 수컷의 구별은 확실하지 않지만, 같은 성의 개체끼리는 접합할 수 없으므로 이것을 성별이라고 볼 수 있다.

성의 차이가 나타난 것은 다른 개체의 유전자를 섞어서 자식을 만들기 위해서다. 만약에 성의 차이가 없어서 자신의 유전자를 모두 자신의 자손에게 물려준다면 어떻게 될까? 어떤 유전자에 이상이 생기면 그 유전자까지 자손에게 물려줄 수밖에 없다. 하지만 다른 개체의 정상적인 유전자와 바꿀 수가 있다면, 이상이 생긴 유전자를 자손에게 물려주지 않아도 된다. 이렇게 해서 처음에는 원생동물처럼 핵을 교환하는 것에서부터 시작하여 성의 진화가 계속됨에 따라, 어머니에게 유래하는 '난자'와 아버지의 '정자'에 의한 수정이 이루어지게 된다.

그럼, 우리 인간의 수정이 어떻게 일어나는지 알아보자. 어머니의 난소에서 배란된 난자는 나팔관으로 들어가, 거기서 수정이 이루어진다. 1번의 사정에서 배출되는 정액 속의 정자 수는 대략 2억 개나 되지만, 이렇게 많은 정자 중에서 난자와 수정할 수 있는 것은 오직 하나 뿐이다. 여러분의 유전자의 반은 이 행운의 정자로부터 물려받은 것이다. 즉, 여러분은 수정이 된 순간 이미 힘든 싸움을 이겨낸 초엘리트인 셈이다.

하지만 수정되지 않은 정자가 전혀 쓸모없는 것은 아니다. 사람의

수정의 구조

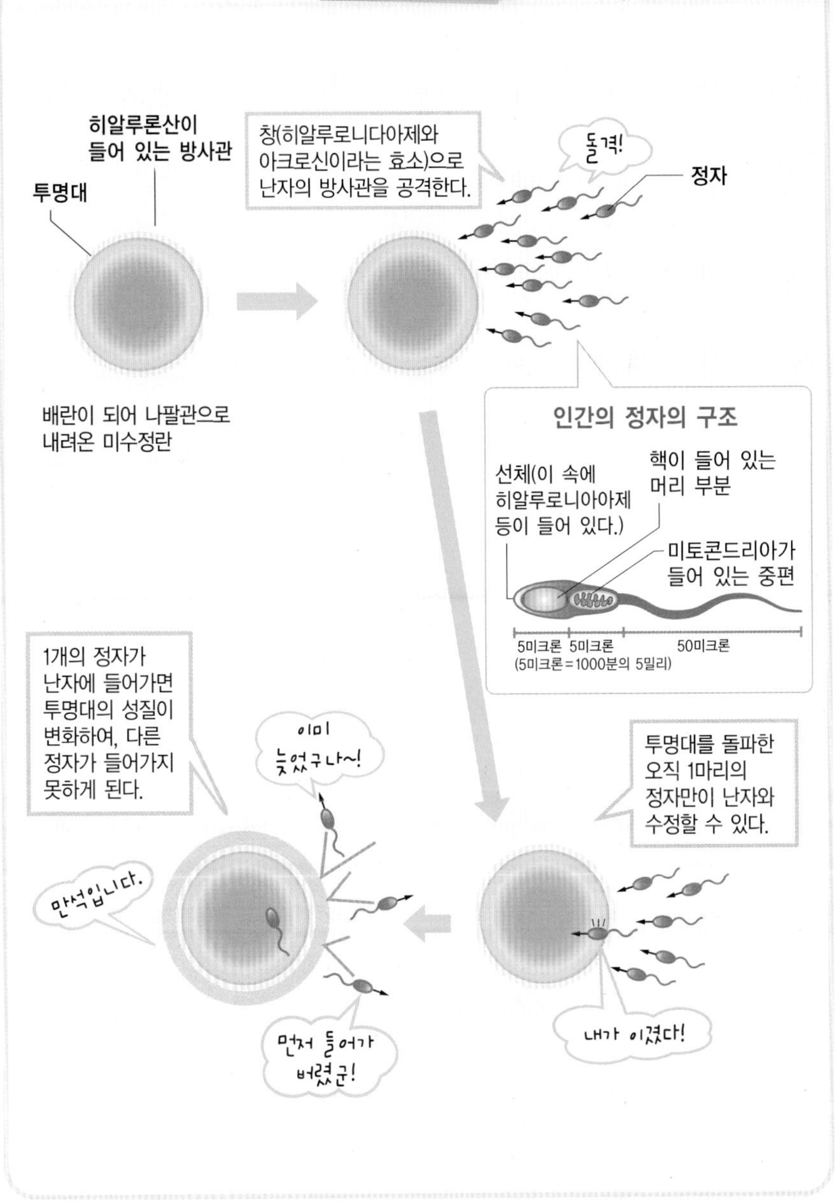

히알루론산이
들어 있는 방사관

투명대

배란이 되어 나팔관으로
내려온 미수정란

창(히알루로니다아제와
아크로신이라는 효소)으로
난자의 방사관을 공격한다.

돌격!

정자

인간의 정자의 구조

선체(이 속에
히알루로니아아제
등이 들어 있다.)

핵이 들어 있는
머리 부분

미토콘드리아가
들어 있는 중편

5미크론 5미크론 50미크론
(5미크론=1000분의 5밀리)

투명대를 돌파한
오직 1마리의
정자만이 난자와
수정할 수 있다.

내가 이겼다!

1개의 정자가
난자에 들어가면
투명대의 성질이
변화하여, 다른
정자가 들어가지
못하게 된다.

이미
늦었구나~!

만석입니다.

먼저 들어가
버렸군!

난자는 그 둘레가 단단하고 투명한 층(방사관과 투명대)으로 둘러싸여 있다. 정자가 수정하기 위해서는 이 단단한 층을 돌파하지 않으면 안 된다. 정자는 이 층을 돌파하는 창(히알루로니다아제와 아크로신이라는 효소)을 가지고 있는데, 정자 1마리의 창으로는 도저히 뚫을 수가 없다. 그래서 많은 정자가 한꺼번에 창을 던져서 이 층을 뚫는 것이다. 정액 속의 2억 마리의 정자 중에서 난자까지 도착할 수 있는 것은 300~500마리 정도이다. 하지만 이들 정자가 한꺼번에 창을 던져도 난자 속으로 가장 먼저 들어간 정자만이 수정이라는 은혜를 입는다. 수정이 일어나면 투명대의 성질이 급속히 변화하여 두 번째 이후에 온 정자는 난자 속으로 들어갈 수 없게 된다.

02

몸이 만들어지는 첫걸음은 알 형성에서부터

발 생 준 비

1개의 난자와 정자가 하나가 되면 발생이 시작되어 단순한 동그라미 모양에서 점점 복잡한 몸이 생기는데, 그 과정을 자세히 조사해 보면 발생의 교묘한 구조에 감탄을 금할 수가 없다.

난자와 정자에는 각각 아버지와 어머니로부터 받은 유전자가 있기 때문에, 수정하고 나서 비로소 이들 유전자가 일하기 시작하여 몸이 만들어지는 것이라고 생각하기 쉽다. 하지만 발생의 준비는 알이 형성될 때부터 시작된다. 알 형성 즉, 어머니의 몸 속에서 알이 만들어

질 때, 발생의 개시에 필요한 정보는 알에 이미 들어 있다. 그것은 유전자 DNA형태가 아니라 mRNA나 단백질의 형태로 알의 세포질 속에 불균일하게 존재하고 있다.

초파리는 알이 만들어질 때, 알에게 영향을 공급하는 포육세포로부터 영양분을 받는데, 거기서 몸의 전후 방향을 정하는 데 필요한 유전 정보도 얻는다. 예를 들면 머리가 되는 쪽 끝에는 비코이드 mRNA가, 그리고 그 반대편 꼬리가 되는 쪽 끝에는 나노스 mRNA가 축적된다. 이 mRNA들로부터 나오는 단백질이 배胚의 전후 방향을

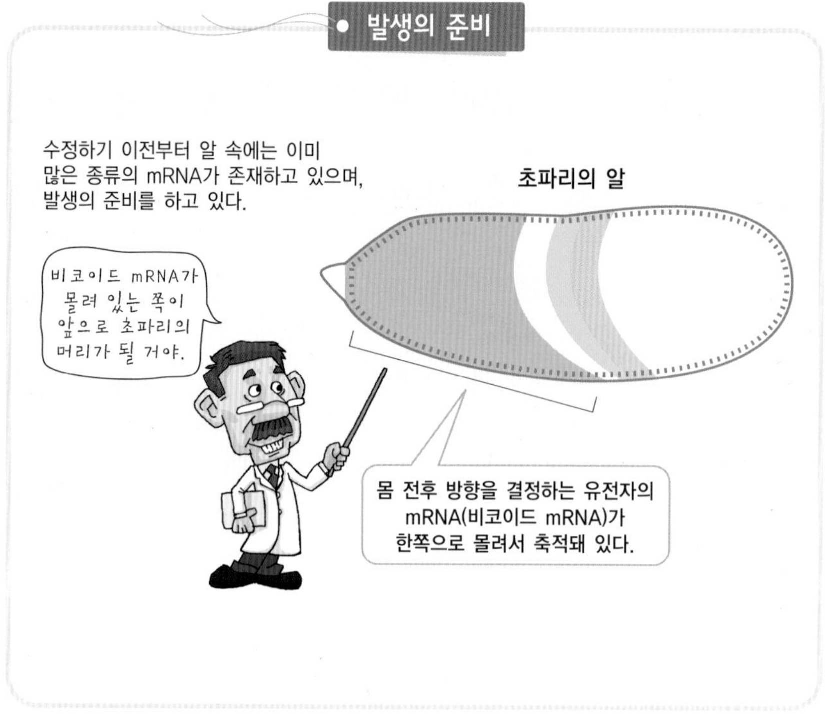
발생의 준비
수정하기 이전부터 알 속에는 이미 많은 종류의 mRNA가 존재하고 있으며, 발생의 준비를 하고 있다.
초파리의 알
비코이드 mRNA가 몰려 있는 쪽이 앞으로 초파리의 머리가 될 거야.
몸 전후 방향을 결정하는 유전자의 mRNA(비코이드 mRNA)가 한쪽으로 몰려서 축적돼 있다.

결정하는 데 중요한 역할을 하게 된다.

개구리의 발생에서는 알 형성 때, 난모세포(알의 근원이 되는 세포)의 핵이 활발하게 일을 해서 여러 종류의 mRNA를 만든다. 이 mRNA들은 핵에서 세포질로 운반되어, mRNA나 단백질 혹은 리보솜의 형태로 알의 세포질 내에 불균일하게 축적되어 있다. 수정이 일어나서 발생이 시작되면 잇따라 난할이 진행되는 것도, 발생에 필요한 mRNA나 단백질을 미리 요소요소에 배치시켰기 때문이다.

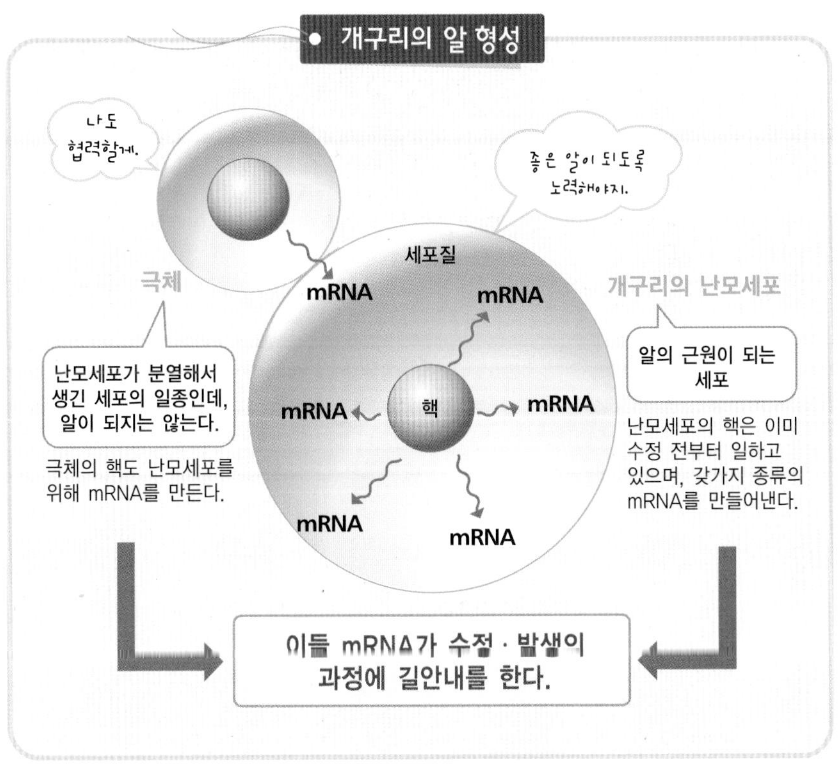

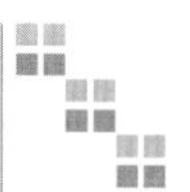

03 세포는 어떤 방법으로 일을 분업할까?

세포의 분화

수정이 완료되면 난자의 핵과 정자의 핵이 융합하여 하나의 핵이 되어 발생이 시작한다. 난자는 보통 세포에 비해 아주 크기 때문에 세포분열을 해도 세포가 커질 필요가 없다. 따라서 발생이 진행되면 각각의 세포의 크기는 점점 작아진다. 이 세포분열법을 '난할' 이라고 한다.

오직 1개의 수정난이 몇 번의 난할을 되풀이하면, 처음에는 단순한 세포의 모임이었던 것이 점점 부분적인 특징이 나타나서 몸의 전후나 좌우 방향이 확실해진다. 그리고 각각의 세포에 개성이 생기며 어떤 세포는 신경세포가, 또 다른 세포는 근육세포가 된다.

원래 1개의 세포(수정란)는 모든 종류의 세포로 분화하는 능력(전능성)을 가지고 있는데, 발생이 진행됨에 따라 각각의 세포의 발생 운명이 결정되어가는 것을 의미한다. 예를 들어 앞으로 근육이 되도록 운명지어진 세포를 배胚에서 꺼내어 샬레로 배양해 보면, 근육세포가 되기는 하지만 신경세포가 되지는 않는다.

이와 같이 얼핏 보기에는 아직 신경세포나 근육세포의 특징을 가지고 있지 않지만, 장래에 어떤 종류의 세포가 될지 운명지어진 것을 '결정', 각각의 세포 독자적인 특징이 나타나는 것을 '분화' 라고 한다. 그리고 특징이 나타나지 않은 세포를 '미분화된 세포', 특징이 나타난 세포를 '분화한 세포' 라고 한다. 그럼 무엇이 세포의 결정이나 분화와 관계가 있는 것일까?

19세기에 독일의 발생학자 슈페만(Hans Spemann, 1869~1941)은,

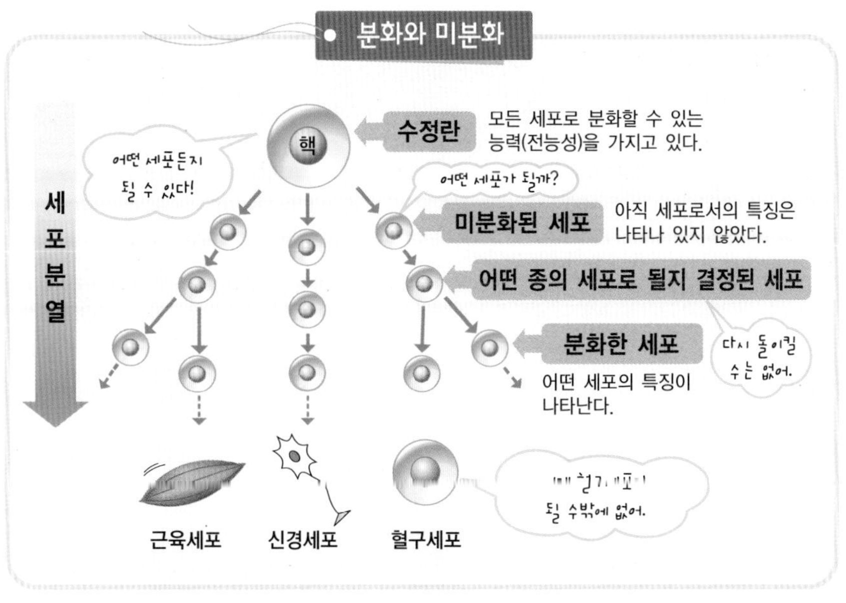
분화와 미분화
세포분열
핵
어떤 세포든지 될 수 있다!
수정란
모든 세포로 분화할 수 있는 능력(전능성)을 가지고 있다.
어떤 세포가 될까?
미분화된 세포
아직 세포로서의 특징은 나타나 있지 않았다.
어떤 종의 세포로 될지 결정된 세포
다시 돌이킬 수는 없어.
분화한 세포
어떤 세포의 특징이 나타난다.
될 수밖에 없어.
근육세포
신경세포
혈구세포

미분화된 조직에서 일하면서 갖가지 조직이나 기관을 형성시키는 '형성체'를 발견했다. 이 형성체의 실체는 오랫동안 해명되지 않았지만, 최근 10년 사이에 형성체로서 작용하는 분비성 인자(성장인자인 액티빈 등)가 잇따라 발견되었다. 더구나 그들 인자를 여러 조건 속에서 미분화한 세포에 작용시킴으로써 여러 종류의 세포로 분화시키는 것도 가능해졌다.

현재는 이들 분비성 인자가 일하면, 그 세포에 특이한 전사인자가 만들어지게 되며, 어떤 특정한 유전자만을 일하게 만들므로 세포의 결정이나 분화가 일어난다고 여겨지고 있다.

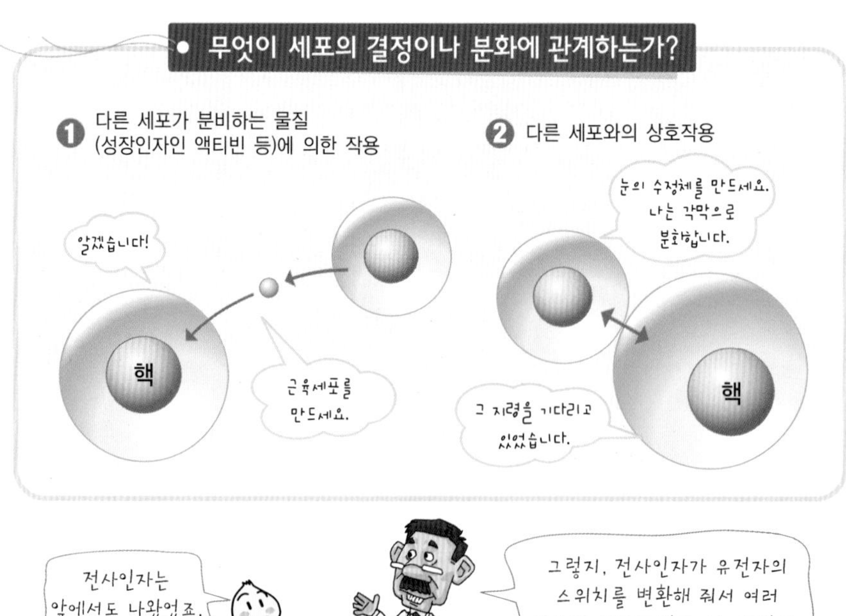

● 무엇이 세포의 결정이나 분화에 관계하는가?
❶ 다른 세포가 분비하는 물질 (성장인자인 액티빈 등)에 의한 작용
알겠습니다!
핵
근육세포를 만드세요.
❷ 다른 세포와의 상호작용
눈의 수정체를 만드세요. 나는 각막으로 분화합니다.
그 지령을 기다리고 있었습니다.
핵
전사인자는 앞에서도 나왔었죠.
그렇지, 전사인자가 유전자의 스위치를 변환해 줘서 여러 종류의 세포가 만들어는 거란다.

04 몸이 생기기까지

세포에서 조직으로, 조직에서 장기로

우리 체내에서는 간장세포는 간장에, 심장세포는 심장에 있으며, 몸의 다른 부분에는 존재하지 않는다. 이것은 각각의 세포끼리 상성相性이 있기 때문이다.

예를 들면 간장과 심장을 각각 떼어놓고 간장세포와 심장세포까지 잘게 부숴 각각의 세포를 섞으면 간장세포끼리, 심장세포끼리는 붙지만 간장과 심장세포가 함께 붙는 일은 없다. 이것은 세포의 표면에 나와 있는 카드헤린이라는 단백질의 종류가 세포마다 다르기 때문이다.

이와 같이 분화한 각각의 세포는 서로 같은 종류의 세포끼리 모여서 '조직'을 만든다. 또 복수의 조직이 모여서 복잡한 기능을 가진 '장기'를 만드는 것이다.

그렇다면 종류가 전혀 다른 세포끼리는 어떻게 결합하는 것일까?

예를 들면 각각의 신경세포는 자기가 지배하는 상대세포(표적세포)가 정해져 있다. 다리의 엄지발가락을 움직이는 운동신경은 뇌에서 엄지발가락까지 연결되어 있으며, 거기서 다시 근육세포와 연결된다. 하지만 신경세포는 어떻게 한 치의 오차도 없이 자신의 상대를 발견할 수 있을까?

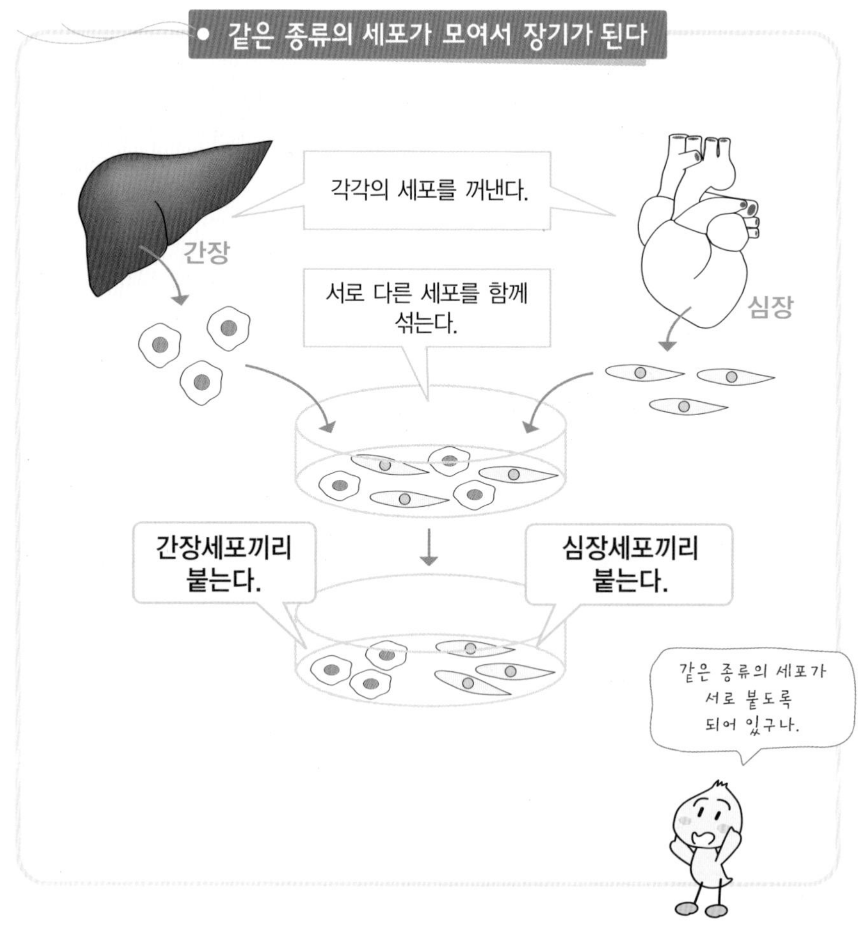

같은 종류의 세포가 모여서 장기가 된다
각각의 세포를 꺼낸다.
간장
심장
서로 다른 세포를 함께 섞는다.
간장세포끼리 붙는다.
심장세포끼리 붙는다.
같은 종류의 세포가 서로 붙도록 되어 있구나.

● 신경세포가 상대를 발견하는 방법

신경세포는 자신이
지배하는 상대 세포가
정해져 있기 때문에
그것을 찾으러
여기저기로
신경선유를 뻗는다.

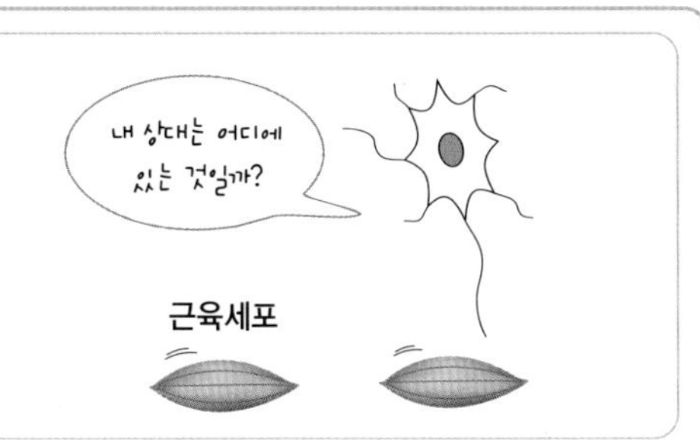

상대가 발견되면
그 결합은
영구적으로 유지된다.

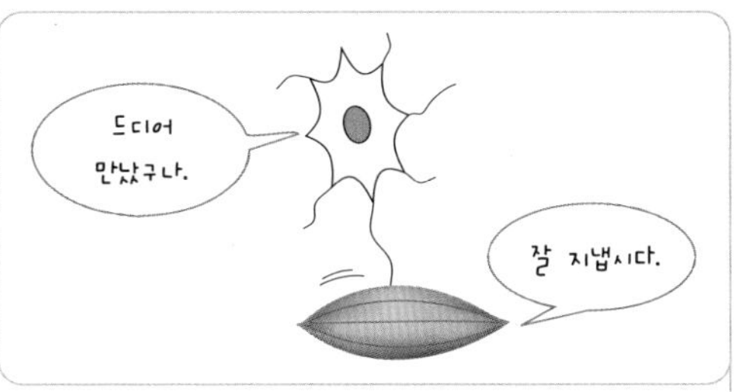

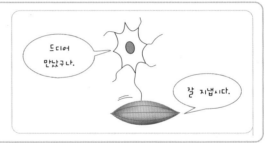

일정 시간 내에
상대가
발견되지 않으며,
신경세포는 죽어 버린다.

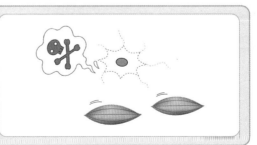

실은 표적세포는 신경세포의 '생명의 약'(신경세포가 살아가는 데 필요한 신경영양 인자)을 내보내고 있으며, 각각의 신경세포는 그것을 구하러 여기저기로 손(신경선유)을 뻗는 것이다.

신경세포가 자신의 상대가 아닌 세포에 닿더라도 그 결합은 오래 지속되지 못하며, 또 다른 세포를 향해 손을 뻗는다. 이렇게 시행착오를 되풀이해 표적세포에 도달하면 그 연결은 영구히 유지된다.

그렇지만 일정한 시간 내에 상대를 찾지 못하면, 마치 시한폭탄이라도 만난 것처럼 신경세포는 죽어 버린다. 이렇게 상대를 찾지 못한 신경세포가 솎아지기 때문에 여분의 신경세포가 없어져서 신경세포와 근육세포의 1 대 1 관계가 유지되는 것이다.

05

동물의 바디플랜

몸을 만들기 위한 분자설계도

몸 속에서 여러 가지 장기가 만들어지더라도 심장은 중앙부에, 소화관은 뱃속에 라는 식으로 정확히 배치될 필요가 있다. 동물의 몸에는 전후, 좌우의 방향성이 있으며 크게 나누어 머리, 가슴, 배, 꼬

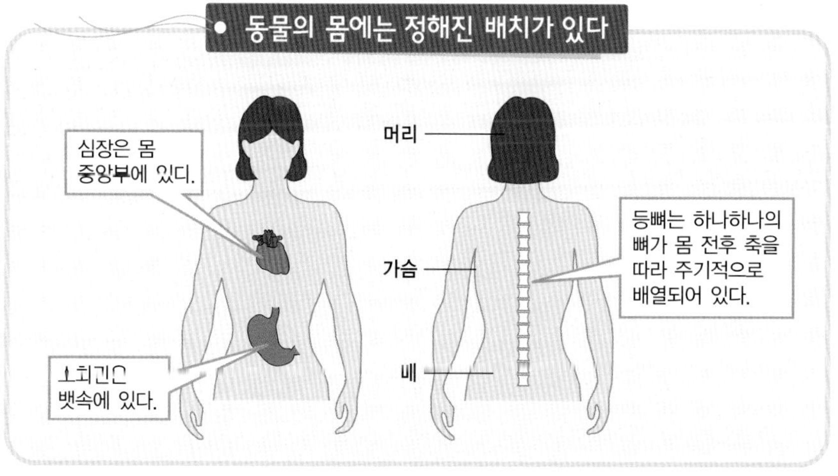

동물의 몸에는 정해진 배치가 있다
심장은 몸
중앙부에 있다.
소화관은
뱃속에 있다.
머리
가슴
배
등뼈는 하나하나의
뼈가 몸 전후 축을
따라 주기적으로
배열되어 있다.

리 등으로 나누어진다. 또 등뼈와 같이 하나하나의 뼈가 몸의 전후 축을 따라 주기적으로 배치되는 부분이 있는가 하면, 그것과는 반대로 머리에는 털이 나 있지만, 얼굴에는 털이 없는 식으로 각각 개성이 다른 부분도 있다.

그럼, 도대체 이런 몸의 주기성이나 개성은 어떻게 만들어지는 것일까?

이런 의문에 대한 힌트를 얻을 수 있었던 것은 초파리라는 작은 파리를 대상으로 한 연구에서다. 파리는 날개 2장과 곤봉 모양의 평균곤 2개를 가지고 있는데, 갑자기 날개 4장을 가진 돌연변이가 출현한 것이다. 또 파리의 머리끝에는 촉각이 붙어 있는데, 촉각 대신에 다리가 붙은 돌연변이도 발견되었다. 이 파리들은 몸의 개성을 만드는 유전자가 고장났기 때문에 평균곤이 날개로 바뀌거나, 촉각이 다리로 변화하는 등의 이상이 생긴 것이다.

이런 몸 형태 만들기와 관련된 유전자는 서로 많이 닮은 구조를 가지고 있기 때문에 호메오박스 유전자라고 불리고 있다. 호메오박스 유전자에서 만들어지는 단백질은 DNA에 직접 결합하여 특정한 유전자의 전사를 조절한다. 이렇게 해서 몸의 각 부분의 개성이 생기는 것이다.

그 후의 연구에서 호메오박스 유전자는 파리뿐만 아니라 우리 사람을 포함한 척추동물도 가지고 있다는 것을 알아냈다. 더구나 호메오박스 유전자는 여러 종류가 있으며, DNA상에서 그들은 일렬로 배열되어 있고, 머리에서 가슴, 배, 꼬리의 순서로 일하고 있다.

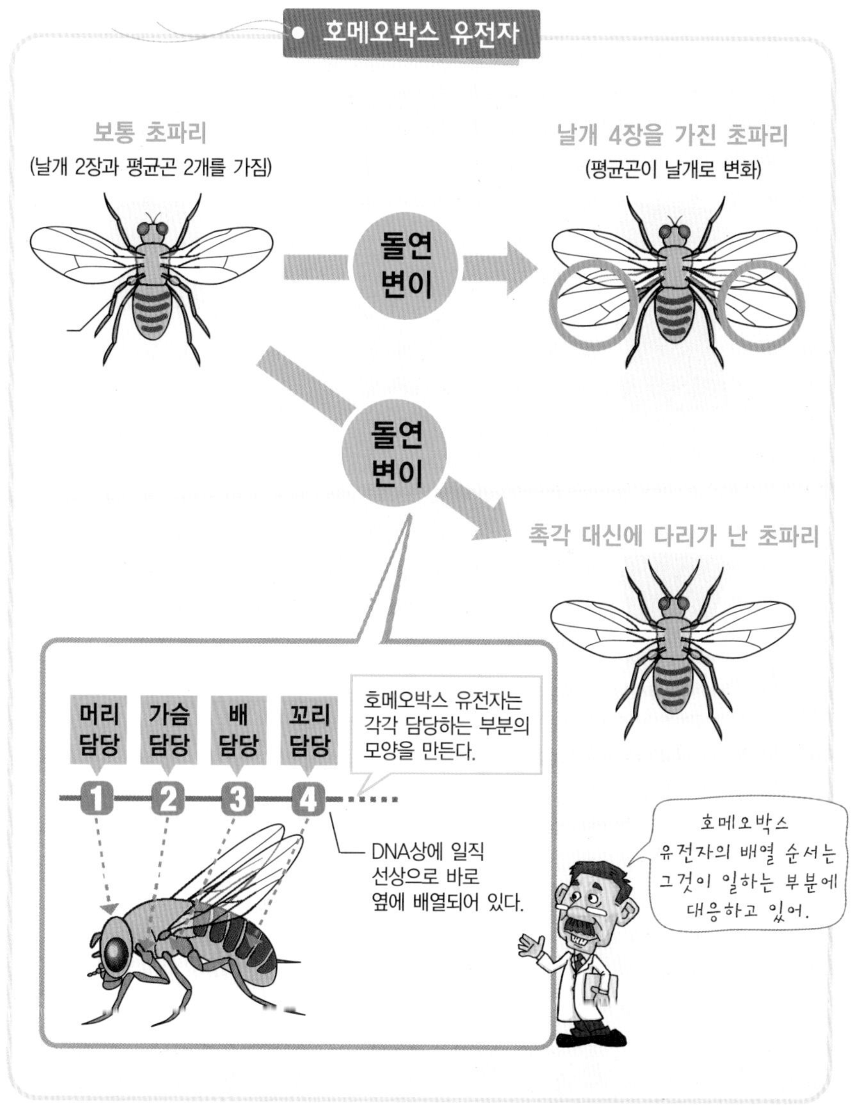

06

남녀 차이를 만드는 성호르몬

생식기관의 분화

남성과 여성은 성염색체의 차이에서 기인한다. 남성은 X염색체와 Y염색체를 각각 1개씩, 여성은 2개의 X염색체를 가지고 있다. 남성 특유의 Y염색체에는 정소를 만드는 SRY라는 성결정유전자와 정자 형성에 관여하는 유전자 등이 있다.

하지만 남성형이 될지 여성형이 될지하는 생식기관의 결정은 유전자만으로 이루어지지 않는다. 성호르몬이나 그 수용체도 생식기관의 성별 결정에 관계한다. 그럼 성호르몬이 몸과 뇌의 발달에 어떻게 영향을 미치는지 살펴보자.

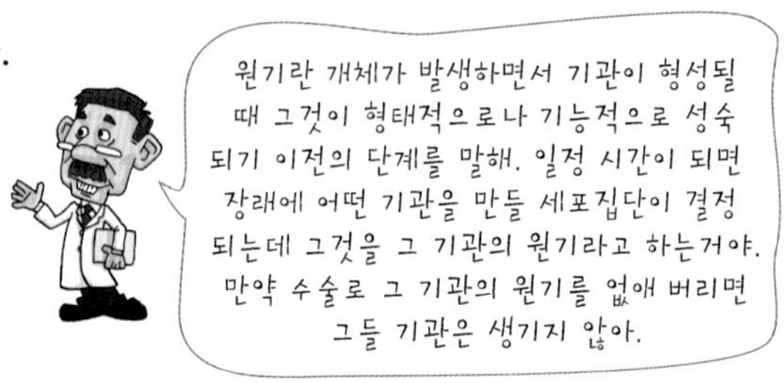

성호르몬은 태아의 생식선 원기原基가 난소 또는 정소로 분화될

시기에 결정적인 역할을 한다.

남성은 Y염색체의 SRY유전자가 열심히 일하여 정소가 생긴다. 원시성선原始性腺은 정소로 분화하여 남성호르몬을 분비하기 시작한다. 그러면 남성호르몬이 월프관에 작용하여 부정소와 수정관 등이 생기며, 전립선이나 외성기가 발달하여 남성형의 생식기관이 생긴다.

한편 여성의 경우에는 SRY유전자가 없기 때문에 원시성선은 난소로 분화하고, 그것이 여성호르몬 분비를 시작한다. 그러면 여성호르몬이 뮤러관에 작용하여 나팔관과 자궁, 질이 생긴다. 이렇게 해서 태어날 때에는 남자와 여자를 확실하게 구별할 수 있는, 서로 다른 모양의 외성기를 가지게 되는 것이다. 하지만 SRY유전자나 성호르몬의 이상으로 인해 성염색체가 XY라도 생식기관이 여성형이 되는 경우나 반대로 성염색체가 XX라도 생식기관이 남성형이 되는 경우도 있다.

또 성호르몬은 뇌에도 영향을 미친다. 즉, 태아기(수태 후 50~90일)에 남성호르몬이 작용하면 뇌는 남성화하고, 남성호르몬이 작용하지 않으면 뇌는 여성화된다.

어릴 적에는 성호르몬의 분비가 일단 저하하지만, 그 대신에 성장호르몬의 분비가 활발해지기 때문에 키가 자라고 체중도 증가한다. 사춘기가 되면 다시 성호르몬이 일하기 시작하여 성장판이 닫히고 뼈의 성장이 멈춘다. 이 시기가 되면 남성은 남성호르몬이 정자 형성을 촉진함과 동시에 수염이 나거나 골격과 근육이 발달하여 남성다운 몸매가 형성된다. 한편 여성은 여성호르몬이 분비되어 유선의 발육을 촉진하고 여성다운 둥그런 몸매를 만든다.

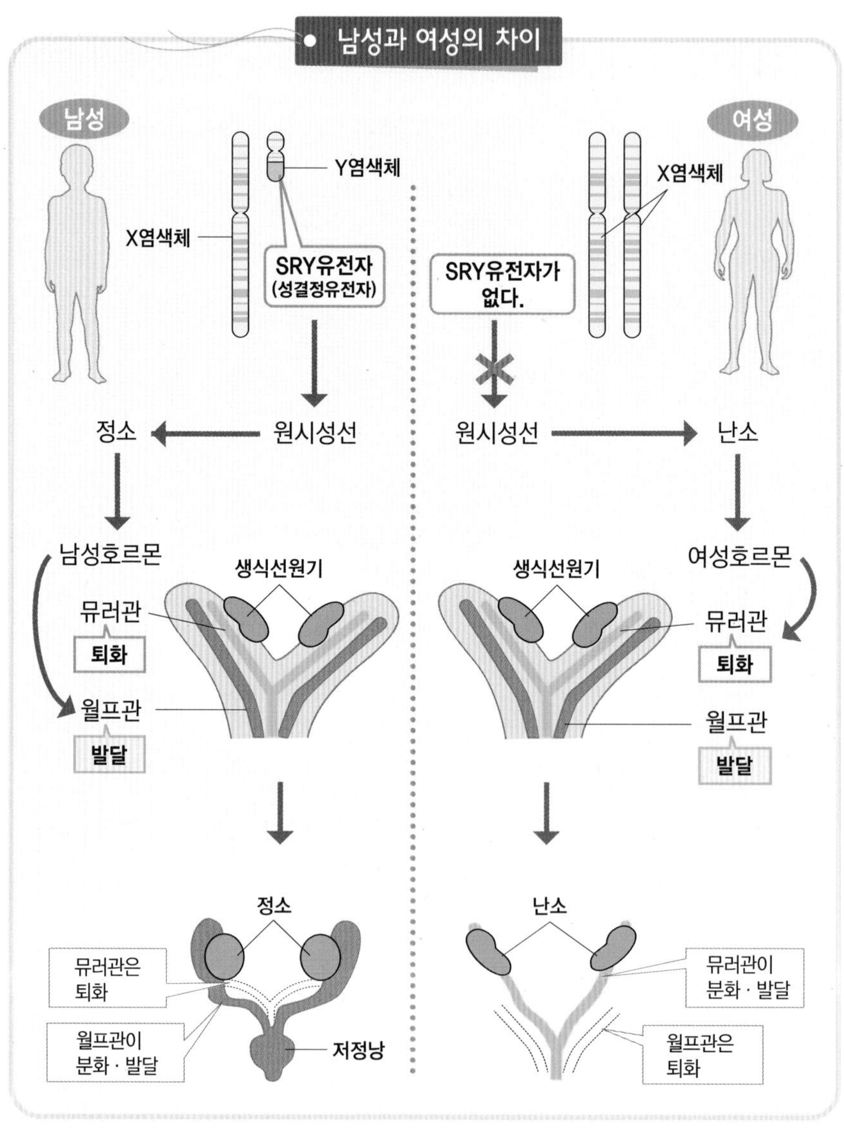

07

복제 양 돌리의 탄생

복 제 인 간 은 가 능 한 가 ?

최근 과학계의 신기술 중에서 복제(클론) 기술만큼 사람들의 관심을 끄는 기술도 흔치 않은 것이다. 그런데 이 클론이란 도대체 무엇일까?

클론이란 유전정보가 완전히 같은 개체를 가리킨다. 원래 '식물의 잔가지' 라는 뜻의 그리스어로 식물학의 전문용어로 사용되어 왔다. 식물의 잔가지를 잘라서 꺾꽂이를 하면 거기서 뿌리가 내려서 완전한 개체로 성장한다. 꺾꽂이로 얻은 개체는 원래 식물과 완전히 같은 유전자조성을 갖게 되는데 그것이 바로 클론이다.

이와 같이 꺾꽂이로 클론을 늘리는 것은 식물에서는 훨씬 이전부터 행해져왔는데, 동물에서 복제를 하는 것은 아주 어려운 일로 여겨졌다.

거기에는 몇 가지 이유가 있다. 식물의 경우는 단순히 몸의 일부를 잘라서 심기만 하면 나머지 부분이 재생되지만 동물의 경우에는 그렇지 않다. 동물의 신체가 재생되는 경우 도마뱀 꼬리를 자르면 나중에 거기에서 꼬리가 다시 나오는 정도뿐이다. 물론 뇌로 몸 전체를 만드는 것은 불가능하며, 심장과 같은 소중한 부분을 잃으면 그 동물은 살아갈 수 없다.

동물의 발생은 식물의 발생에 비해 아주 복잡하다. 앞에서 설명한 세포의 분화를 떠올려 보자. 수정란은 모든 세포로 분화하는 능력(전능성)이 있지만, 이미 분화한 다른 종류의 세포로 될 수 없다. 그러므로 동물의 복제는 반드시 수정란 만들기에서부터 시작해야 한다. 그런데 수정란의 미분화된 핵과 신경세포나 표피세포처럼 분화한 세포의 핵은 그 역할이 다르다. 따라서 분화한 세포의 핵을 미리 핵을 제거한 미수정란에 넣어서 수정란과 같은 것을 만들려고 해도 좀처럼 정상적인 발생은 일어나지 않는다.

하지만 지금으로부터 40년 전에 개구리 복제가 성공한 것을 계기로 쥐 등의 포유류에 대한 복제가 시도되기 시작했다. 그리고 1997년 2월에 영국 스코틀랜드의 로슬린연구소에서 세계 최초로 체세포 복제 양 '돌리'가 태어났다.

돌리 탄생의 비밀은 유선세포를 꺼낸 후에 잠시 혈청이 적은 배지에서 배양하는(혈청기아배양) 데에 있었다.

● 세계 최초의 체세포 복제 양 '돌리'의 탄생

유선세포핵을 제공한 부모
(핀도셋 종)

핵

유선세포
(혈청기아배양에 의해
분화한 핵의 기능을
초기 상태로 되돌린다)

대리모
(블랙페이스 종)

유선세포의
핵을 넣는다.

출산

난자를 제공한 부모
(블랙페이스 종)

뿔이 있다

얼굴이 검다

난자

핵을
제거한다.

돌리
(핀도셋 종)

돌리는 엄마가
셋이나 되네요.
그 중에서
유선세포를 제공한
양의 복제가 바로 돌리야.

이렇게 하면 활발하게 분열을 되풀이하던 유선세포가 DNA합성이나 세포분열을 정지하고, 휴면상태에 들어간다. 그리고 이 세포의 핵을 미리 핵을 제거한 미수정란에 넣으면 정상적으로 발생이 진행된다. 즉, 동물의 복제가 좀처럼 성공하지 못했던 이유는 개개의 세포가 잃어버렸던 전능성을 되찾는 방법을 찾지 못했기 때문이다.

양의 유선세포의 경우, 휴면을 시킴으로써 분화 때에 어느 유전자를 일하게 할 것인가를 조절하는 물질이 제거되어 수정란과 같은 상태로 되돌아간 것으로 여겨진다.

08

선호하는 세포로 분화할 수 있는 ES세포

E S 세 포 란 무 엇 인 가 ?

앞에서 이야기했듯이, 세포는 일단 분화를 하면 좀처럼 다른 세포가 될 수 없다. 단, 세포에 수명이 있다는 것을 생각하면 수명을 다한 세포와 같은 수의 새 세포가 어딘가에서 탄생하여 보충되고 있다는 것을 알 수 있다. 몸속을 자세히 살펴보면 숫자는 적지만 아직까지 분화하지 않은 세포가 남아 있다. 이 미분화 세포는 많은 세포로 분화할 수 있는 능력을 가지고 있으며, '장기나 조직의 근원이 되는 세포' 라는 의미에서 간幹세포라고 한다.

만약 근육에 상처를 입으면, 상처 난 근육세포는 죽어 버린다. 그런데 그것이 원인이 되어 간세포가 세포분열을 하여 많은 미분화 세포가 생긴다. 그리고 각각의 세포가 한꺼번에 분화하여 근육세포가 되어 근육이 재생되는 것이다.

하지만 근육의 간세포에서는 분화할 수 있는 세포의 종류가 한정되어 있다. 근육의 재생뿐만 아니라 좀 더 폭넓게 활용하기 위해서는 여러 종류의 세포로 분화할 수 있는 발생 초기의 간세포쪽이 더 사용하기 편하다. 이 발생 도중의 배胚에서 채취한 것을 특별히 ES세포(Embryonic Stem Cell : 배성간세포)라고 한다. ES세포를 적당한 조건으로 배양하면 특정한 세포로 분화하기 때문에 병이나 수술 등으로 잃어버린 장기를 ES세포에서 생성된 장기로 보충하는 재생의료가 기대되고 있다.

한편 복제 기술이 발전하면서 복제 인간이 탄생할지도 모른다는 우려가 커지고 있다. 이 때문에 많은 사람들이 인간 복제 연구를 규제해야 한다는 주장을 펴고 있다. 이에 따라 유럽에서는 인간복제금지협정을 제정하였고, 우리나라도 인간복제 금지를 엄격히 규제하는 생명윤리기본법 시안이 발표되었다.

● ES세포란?
Embryonic Stem Cell
ES 세포 : 배성간세포
ES세포는 간세포 중에서도 특별히 응용범위가 넓기 때문에 기대되는 거야.

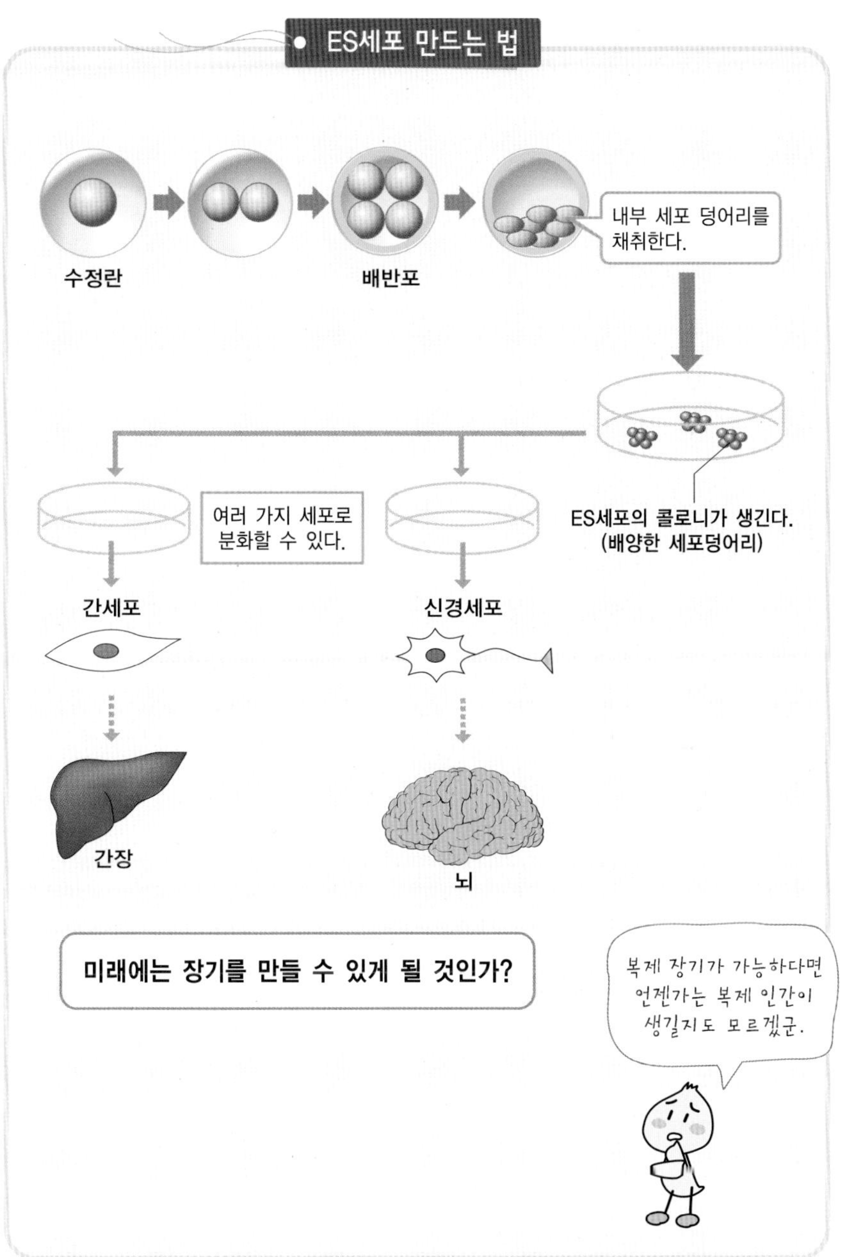
ES세포 만드는 법
수정란
배반포
내부 세포 덩어리를 채취한다.
ES세포의 콜로니가 생긴다. (배양한 세포덩어리)
여러 가지 세포로 분화할 수 있다.
간세포
신경세포
간장
뇌
미래에는 장기를 만들 수 있게 될 것인가?
복제 장기가 가능하다면 언젠가는 복제 인간이 생길지도 모르겠군.

09

ES세포를 이용한 재생 의료

미래의 기대되는 의료

병이나 사고로 몸의 일부 장기가 망가지면 인공적으로 만든 것(인공장기)을 체내에 넣는 치료법이 있다. 현재는 뇌를 제외한 거의 대부분의 인공장기가 개발되어 있다.

하지만 이들 인공장기는 원래 진짜 신체의 일부가 아니기 때문에 이식한 부분에 염증이 생기는 등의 문제점이 나타나고 있다.

한편 살아 있는 장기를 이식하는 장기이식의 경우에는 장기제공자가 적고, 면역세포에 의한 거부반응이 일어나기도 한다. 그래서 장기이식을 받은 환자에게 면역억제제를 투여하는데, 이 또한 세균이나 바이러스에 감염되어 약해지는 문제점이 지적되고 있다.

최근 가장 기대되는 것이 자신의 간세포나 인간배의 ES세포를 사용한 재생 의료이다. 재생 의료란 간세포나 ES세포를 체외에서 배양해서 갖가지 조직이나 장기로 분화시킨 후 이런 부작용들을 없앨 수 있는 방법으로, 인간의 신체에 이식하는 것을 가리킨다.

최근에 세포 분화의 흐름이 밝혀져서 어떤 화학물질을 세포에 투여하면 어떤 종류의 세포로 분화하는지를 알게 되었다. 그래서 인간의 체내에서 간세포를 채취하여 샬레에서 배양·증식시킨 후, 필요에 따라 화학물질을 가해 근육세포나 혈구세포 등으로 분화시키는 시도가 시작되었다.

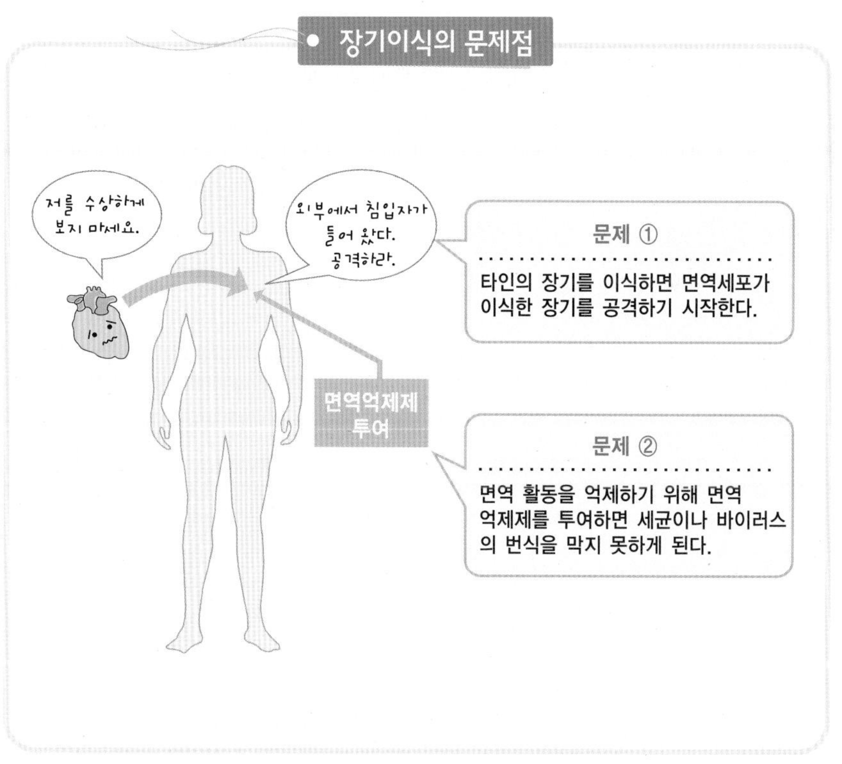

● 장기이식의 문제점
저를 수상하게 보지 마세요.
외부에서 침입자가 들어 왔다. 공격하라.
면역억제제 투여
문제 ①
타인의 장기를 이식하면 면역세포가 이식한 장기를 공격하기 시작한다.
문제 ②
면역 활동을 억제하기 위해 면역 억제제를 투여하면 세균이나 바이러스의 번식을 막지 못하게 된다.

실제로 미국의 오사이리스 세라퓨틱스 사社는 사람의 골수에 있는 여러 종류의 세포로 분화할 수 있는 간엽間葉 간세포를 이용하여 연골이나 근육, 뼈 등으로 분화시키는 기술을 확립했다.

인간배의 ES세포를 이용한 연구도 진행되고 있다. 미국 어드벤스트 셀 테크놀로지 사는 복제 기술을 응용하여 인간배를 만드는 데 성공했다고 발표했다. 환자 본인의 복제 배를 만들어서 '마이 ES세포'를 만드는 것이 이 회사의 목표이다.

이 기술이 완성되면 마이 ES세포에서 갖가지 조직이나 장기를 만들어 둔 후에, 환자의 장기에 이상이 생겼을 때 이식할 수 있다.

줄기세포란 아직 분화하지 않은 미성숙 상태의 세포로 체외 배양에서도 미분화 상태를 유지하면서 무한정으로 분열, 복제할 수 있는 능력을 갖고 있는 세포를 말해.
줄기세포는 개체의 발달 시기와 위치하는 장소 등에 따라 생물체를 이루는 많은 종류의 서로 다른 세포로 분화해 나갈 수 있는 모세포야.
조혈모세포로 불리는 골수줄기세포는 우리 몸의 혈구세포를 만들고, 골수 기질세포로 불리는 간엽 줄기세포는 뼈, 연골, 지방과 섬유조직을 만들어.

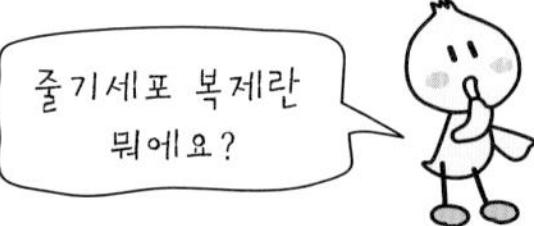

재생 의료의 구상

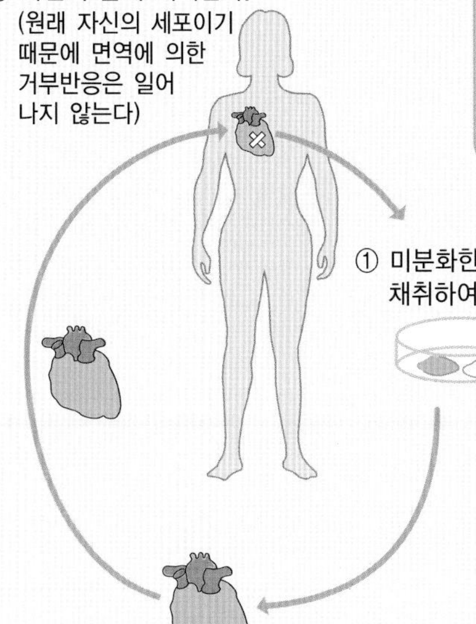
③ 자신의 몸에 이식한다.
(원래 자신의 세포이기 때문에 면역에 의한 거부반응은 일어나지 않는다)
① 미분화한 세포를 채취하여 배양
② 증식시킨 후, 화학물질을 더하여 원하는 세포로 분화시킨다.

과제 ①

미분화된 세포 입수 방법

[해결안]

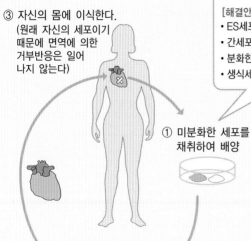

- ES세포를 이용한다.
- 간세포를 채취해서 증식시킨다.
- 분화한 세포를 미분화상태로 되돌린다.
- 생식세포를 이용한다.

과제 ②

어떤 식으로 세포에서 장기를 만드나?

[해결안]

- 분화한 세포를 배양하여 주사기로 혈액 속에 넣어서 이상을 일으킨 세포와 바꾼다.
- 체외에서 장기를 만든다.
- 복제 인간을 만들어서 이식용 장기를 형성시킨다.

chapter 8

의료 현장에서 활약하는 생물학

“몸이 바이러스를 이겨 내려고 노력할 때 우리는 흔히 약을 먹게 된다.
이 약에도 생물학의 지식이 활용된다.”

몸은 자신과 침입자를 구별하는 능력이 있다. 불청객이 들어오면 총공격을 가하기도 한다. 우리가 감기에 걸리면 기침을 하고 열이 나며 몸이 아픈데, 그것 역시 감기를 이겨 내기 위해 몸에서 최선을 다하고 있기 때문이다. 우리 몸속에 들어온 바이러스를 이겨 내기 위해 몸부림을 치는 것이다. 몸이 바이러스를 이겨 내려고 노력할 때 우리는 흔히 약을 먹는다. 이 약에도 생물학의 지식이 활용된 것이다. 이번 장에서는 생물학이 의료 현장에서 어떻게 활용되고 있는지 알아보자.

01

'건강' 이란 무엇일까?

생물학과 의학의 접점

누구나 건강하게 오래 살고 싶다는 생각을 한다. 건강한 사람은 자신이 건강하다는 것을 좀처럼 깨닫지 못하다가 막상 병에 걸리면 비로소 건강하다는 것이 얼마나 고마운 일인지 깨닫는다. 그럼 병에 걸리거나 병상에 눕지 않고 언제까지나 젊게 생활할 수 있기 위해서는 어떻게 하는 것이 좋을까?

최근 의학이나 생물학은 눈부시게 발전하고 있어서 병이나 노화 등 우리 건강에 영향을 미치는 갖가지 요인이 해명되고 있다. 그러면서 이들 지식을 이용한 새로운 건강 유지법이나 병 치료법이 주목받고 있다.

우리 몸에는 항상 여러 가지 호르몬이나 이온 등의 양이 일정하게 유지되도록 호메오스타시스(항상성의 유지) 기구가 일을 하고 있다.

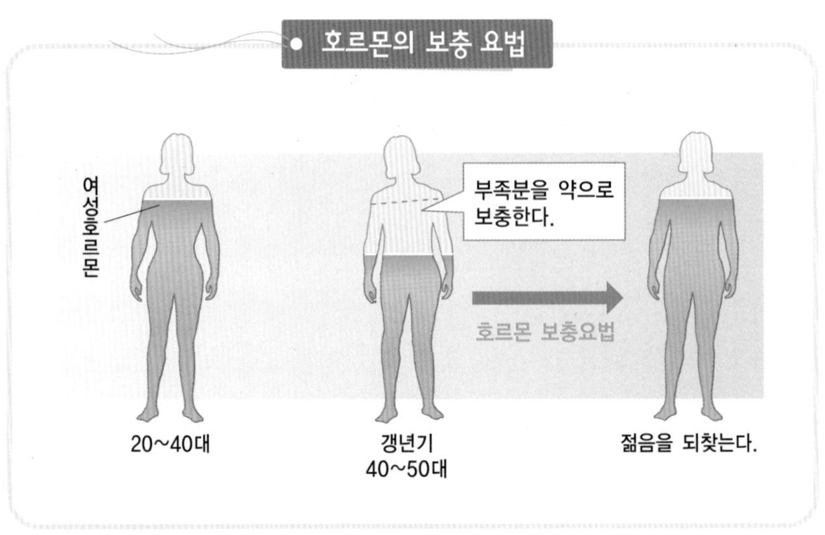

그중 하나라도 호르몬의 양이 변화하면 몸에는 여러 가지 이상 증상이 나타난다.

예를 들면 여성은 갱년기가 되면 갖가지 몸의 이상을 호소하게 된다. 이것은 폐경기를 맞아 체내의 여성호르몬 수치가 급격히 저하되기 때문이다. 그래서 부족한 여성호르몬을 약으로 보충하는 치료법이 개발되었는데, 그것이 바로 성호르몬 보충 요법이다.

'건강'이란 뭐죠?

대답하기 어려운 문제구나. 사람마다 건강에 대한 생각이 다 다를 테니까 말이야. 그래도 굳이 말하자면 병이나 사고를 당하지 않고 몸과 마음에 아무 이상없이 알찬 생활을 보내는 것을 말하는 게 아닐까?

호르몬 이외에도 체내에서 감소한 갖가지 물질(비타민이나 이온 등)을 보충하기 위해서 여러 가지 영양보조식품이 개발되어 건강식품 등으로 팔리고 있다.

활성효소에 의한 산화스트레스도 노화를 진행시키는 요인이다. 나이가 들면 주름이 늘어나는데 이것은 피부 속에 있는 콜라겐이라는 단백질이 산화하여 콜라겐 분자끼리 서로 붙어서 본래의 역할을 하지 못하기 때문이다.

실내에서 보내는 시간이 많은 샐러리맨과 들판에서 일하는 농부는, 나이가 같더라도 농부 쪽이 훨씬 주름이 많고 늙어 보인다. 이것은 농부는 평소에 자외선을 많이 쬐기 때문에 이 자외선이 피부의 콜라겐 분자에 닿아서 산화를 촉진하기 때문이다.

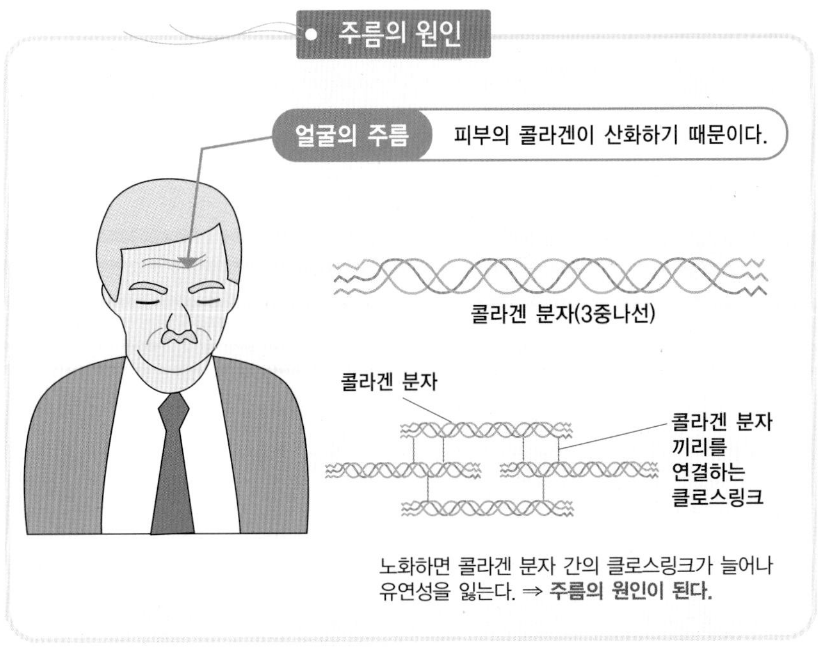

주름의 원인
얼굴의 주름
피부의 콜라겐이 산화하기 때문이다.
콜라겐 분자(3중나선)
콜라겐 분자
콜라겐 분자 끼리를 연결하는 클로스링크
노화하면 콜라겐 분자 간의 클로스링크가 늘어나 유연성을 잃는다. ⇒ 주름의 원인이 된다.

단백질의 산화에 의해 파괴되는 원인은 자외선뿐만이 아니다. 당뇨병과 같은 생활 습관병도 체내에서 발생하는 활성산소에 의해 단백질을 파괴한다. 이렇게 발생한 활성산소를 중화시키기는 데에는 항산화비타민인 비타민E가 효과적이다. 생활 습관병을 예방하기 위해 비타민E를 보조식품으로 보충하는 것도 건강을 유지하는 좋은 방법이다.

02

몸 주위에는 적이 득실득실하다

면역이란 무엇인가?

앞서 말한 바와 같이, 우리 몸속 환경은 '호메오스타시스'라는 구조에 의해 건강에 필요한 모든 요소들이 항상 일정성을 유지하고 있다. 하지만 이것을 거꾸로 말하면 인간의 몸속 환경에 적응한 다른

● 면역의 특징

자기와 비자기를 구분한다.	몸을 구성하는 성분에 대해서 면역 기능은 작용하지 않는다.
다양한 외적에 대응한다.	막대한 수의 외적에 모두 대응할 수 있는 시스템을 가지고 있다.
항원을 기억한다.	한 번 체내에 침입한 항원을 오래동안 기억하고 있기 때문에 두 번째 침입에 대해 재빨리 대응할 수 있다.

생물에게는 살기 좋은 최적의 생활 환경이라는 뜻이기도 하다. 그렇기 때문에 우리 몸은 항상 병원성 세균이나 바이러스 등, 외적에게 습격당할 위험에 노출되어 있다. 만약 우리 몸을 적으로부터 지키는 수단이 없다면 순식간에 몸은 공격당하고 말 것이다.

우리 몸에는 자신을 구성하고 있는 물질(자기)과 자신 이외의 물질(비자기)을 구분하는 구조로 되어 있다. 우리는 그 구조를 이용하여 몸속에 들어온 세균이나 바이러스에 대항하는 면역(역병을 면한다는 의미)이라는 자기방어 기구를 발달시켜 왔다. 면역을 담당하는 세포나 물질은 여러 종류나 있으며, 서로 협력하여 체내 방어에 힘쓰고 있다. 그럼 어떤 면역체계가 있는지 살펴보자.

우선 외부로부터 세균 등의 이물질(항원)이 침입하면 마크로파지 등의 항원제시세포가 골수에서 만들어지는 임파구의 일종인 헬퍼T세포에게 알린다. 헬퍼T세포는 역시 임파구의 일종인 B세포에게 지령을 보내 세균의 표면물질 등에 특이하게 결합하는 '항체' 라는 물질을 만들게 한다.

항체는 면역글로불린이라는 단백질의 일종이다. 이것은 혈액 속을 돌아다니다가 항원과 만나면 서로 결합한다(이것을 항원항체반응이라고 한다). 그러면 항원의 움직임이 저해되기 때문에 세균이 증식하지 않는다. 이와 같이 주로 항체를 이용한 면역작용을 '액성液性면역' 이라고 한다.

면역의 연계 플레이(액성면역)

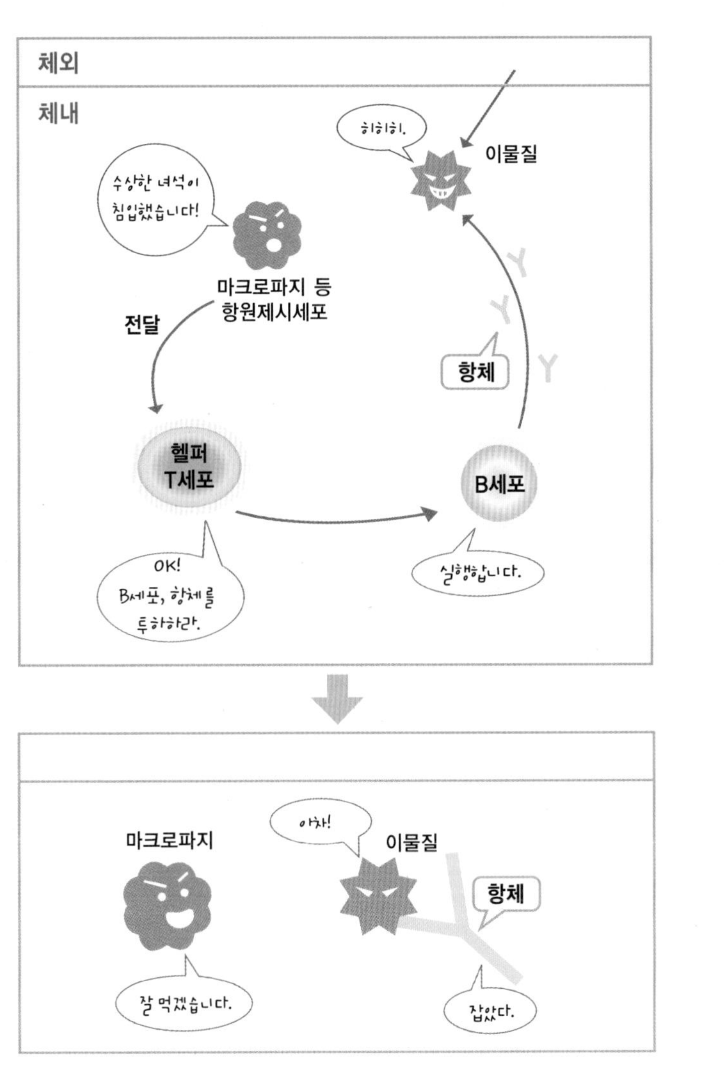

항체에게는 여러 조력자가 있다. 마크로파시는 항체가 결합한 세균에게 다가가서 그것을 세포 내에 끌어들여서 완전히 파괴해 버린다. 또 혈청 속에는 '보체' 라는 단백질이 있어서 차례로 항체와 결합하여 마지막에는 드릴 같은 연장 모양의 것을 만든다. 그리고 그것을 사용하여 세균 막에 구멍을 뚫어 세균을 죽인다.

한편 바이러스가 침입했을 경우에는 세균 때와는 달리 세포 스스로가 파괴한다. 이 세포를 킬러T세포라고 한다. T킬러세포는 바이러스에 감염된 세포에 붙어서 바이러스를 세포째로 죽인다. 이와 같이 면역담당세포가 직접 일하여 면역작용을 하는 것을 '세포성 면역' 이라고 한다.

03

모든 외부의 적들에 대응하는 면역시스템

미 지 의　외 적 에 도　대 비 하 는　방 법

우리 몸 주변에 있는 세균이나 바이러스 등은 호시탐탐 우리 몸을 노리고 있다. 세균이나 바이러스가 언제 어떤 방법으로 우리 몸을 습격할지 전혀 모른다. 그럼에도 불구하고 우리 몸이 갖추고 있는 복잡한 면역시스템은 외부에서 적이 몸에 침입하면 곧바로 공격할 수 있도록 되어 있다. 만의 하나라도 실수로 면역시스템이 자신의 몸 세포를 공격하는 일은 절대 없다. 왜 그럴까?

B세포가 만들어 내는 항체가 반응할 수 있는 항원의 종류는 아주 많아서 10의 10승 개나 된다고 한다. 하지만 그 항체의 토대가 되는 면역글로불린 유전자는 극히 한정된 수밖에 존재하지 않는다. B세포가 어떻게 이렇게 많은 종류의 항원과 특이하게 반응할 수 있는 항체를 만들 수 있는지는 오랫동안 생물학의 큰 수수께끼였다.

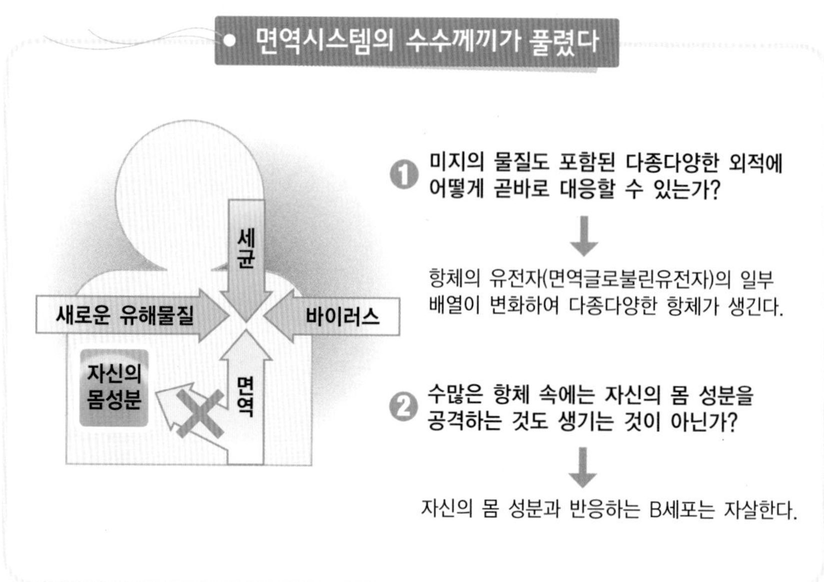

면역시스템의 수수께끼가 풀렸다
세균
새로운 유해물질
바이러스
자신의 몸성분
면역
1 미지의 물질도 포함된 다종다양한 외적에 어떻게 곧바로 대응할 수 있는가?
항체의 유전자(면역글로불린유전자)의 일부 배열이 변화하여 다종다양한 항체가 생긴다.
2 수많은 항체 속에는 자신의 몸 성분을 공격하는 것도 생기는 것이 아닌가?
자신의 몸 성분과 반응하는 B세포는 자살한다.

이 문제를 해결한 것은 미국 매사추세츠 공과대학의 리네카와 스스무利根川進 교수팀이었다. 리네카와 교수는 B세포 속에서 항체의 면역글로불린 유전자 자체의 염기배열이 변화한 것을 발견했다. 그때까지는 발생이 진행되어 세포가 분열을 되풀이해도 유전자의 염기배열 자체는 변화하지 않는다고 하는 것이 통설이었기 때문에 처음으로 이 현상이 발표되었을 때, 전 세계 과학자는 크게 놀랐다.

우리의 면역시스템은 태아 시기에 완성된다. 이 시기에 B세포는 점점 분열하여 그 수를 늘려 가는데 거기서 각각의 B세포에 포함된 면역글로불린 유전자의 염기배열이 무작위로 변화해서 여러 가지 종류의 면역글로불린 유전자가 완성된다.

이와 같이 하여 여러 종류의 B세포가 생기게 되는데, 만약 자신의 체내 성분에 반응하는 항체가 있으면, 놀랍게도 그 B세포는 자살해서 체내에서 사라지고 만다.

이렇게 자기 몸의 물질과 반응하는 가진 B세포는 사라지고 미지의 적에 대한 항체를 만드는 B세포만 살아남는 것이다. 그러므로 면역 시스템이 완성된 시점에서 자신을 공격하는 항체를 만드는 B세포는 존재하지 않게 되는 것이다.

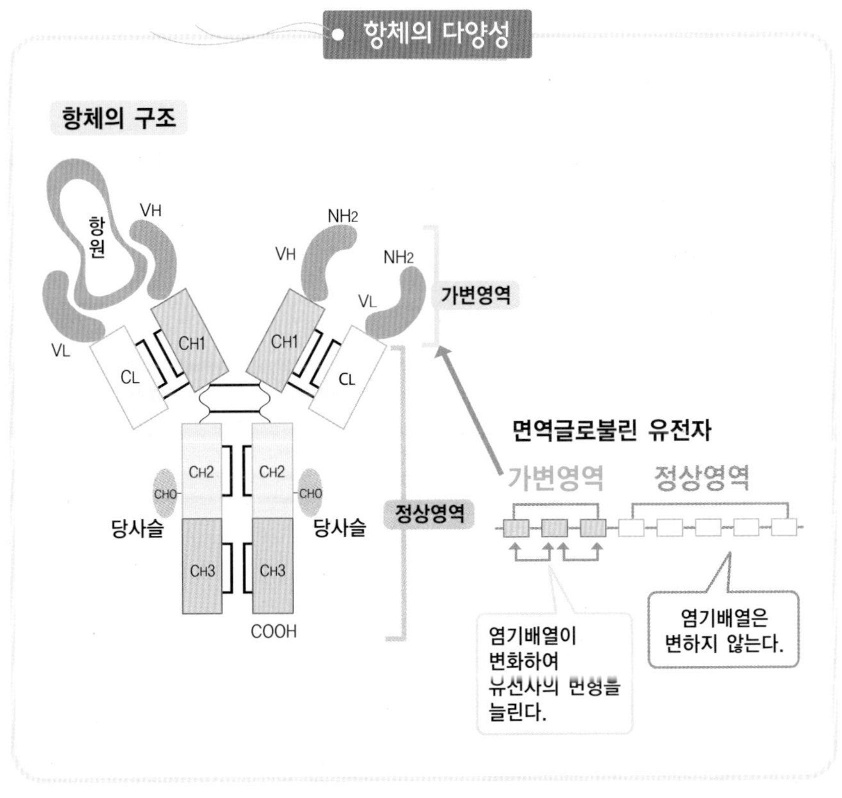

04

면역도 지나치면 알레르기가 된다

지금까지 알아 낸 알레르기의 비밀

우리 몸은 면역체계가 갖춰진 덕분에 몸을 외부의 적으로부터 스스로를 지킬 수가 있지만, 때로는 이 면역체계가 지나치게 많아 폭주할 수도 있다. 그렇게 되면 면역반응이 이상을 일으켜 자기 자신의 조직이나 기관을 부숴 버린다. 그것이 바로 알레르기다. 알레르기에 의해 일어나는 증상으로는 아토피성피부염, 기관지천식, 알레르기성비염, 그리고 꽃가루 알레르기 등이 있다.

알레르기는 현대병이라고 불릴 정도로 최근에 환자가 급격히 늘고 있다. 알레르기의 원인으로는 유전적 요인과 환경적 요인이 있다. 그러나 몇십 년 사이에 인간의 유전자가 크게 변화했다고 생각하기는 어렵기 때문에, 유전적 요인보다는 영양 상태나 스트레스 등의 환경적 요인이 크게 관여한다고 볼 수 있다.

우리는 현재 지나칠 정도로 풍요로운 식생활을 누리고 있는데, 영양가가 높은 음식 덕분에 면역체계가 강화되기도 했지만 알레르기 증상 역시 늘어나고 있다.

실제로 태어나서 바로 걸리는 알레르기는 달걀이나 우유 등의 음식을 알레르겐(알레르기의 원인이 되는 물질)으로 하는 식품 알레르기가 대부분이며, 아토피성피부염 등의 증상이 있다.

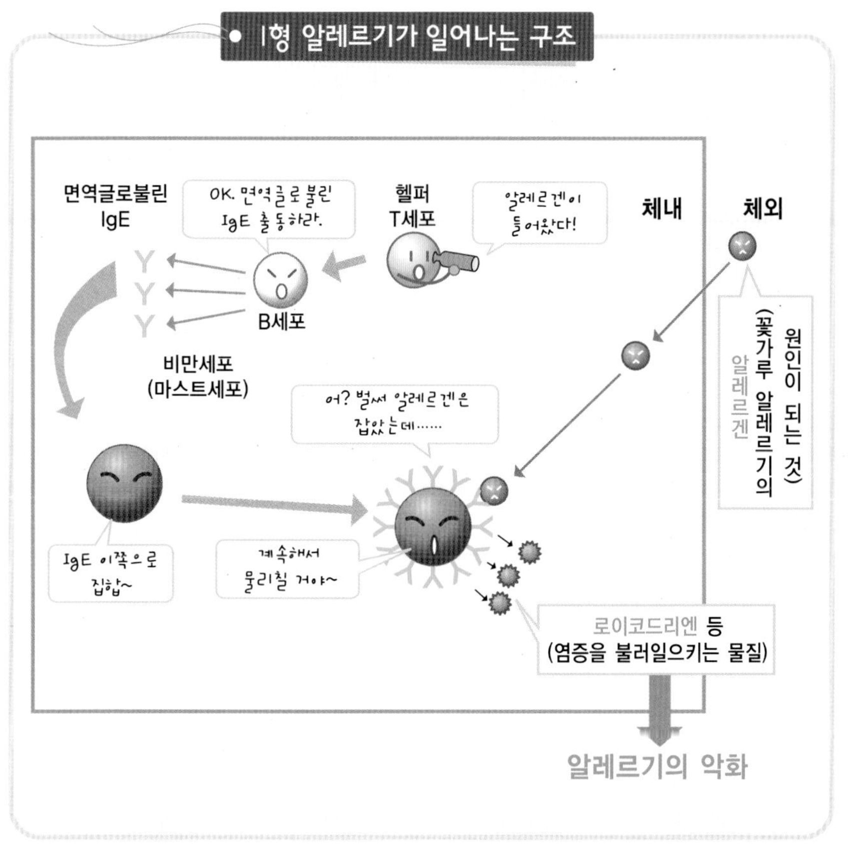

그리고 7살 정도가 되면 진드기 등을 알레르겐으로 하는 알레르기가 압도적으로 많아지는데 증상으로 기관지천식이 늘어나고 있다. 연령이 더욱 높아지면 알레르기 비염이 늘어난다.

알레르기는 크게 4가지 유형으로 나뉜다(Ⅰ형~Ⅳ형). 그중 Ⅰ형에서 Ⅲ형까지는 모두 항체가 관여하는 알레르기며, Ⅳ형은 T세포가 관여하는 알레르기다.

이중에서 Ⅰ형 알레르기가 가장 널리 알려져 있는데, 기관지천식이나 꽃가루 알레르기 등의 Ⅰ형에 속한다. Ⅰ형 알레르기에서는 알레르겐이 체내에 침입하면 우선 항체(면역글로불린 IgE)가 만들어진다. 이 항체가 비만(마스트)세포의 표면에 있는 리셉터(수용체)와 결합하면 비만세포는 로이코트리엔이나 프로스타글란딘 등 염증을 불러일으키는 물질을 만들어 낸다.

● 알레르기의 4가지 유형

알레르기에도 여러 가지 유형이 있다.

- Ⅰ형~Ⅲ형
  - Ⅰ형 : 기관지 천식이나 꽃가구 알레르기, 면역글로불린 IgE가 관계한다.
  - Ⅱ~Ⅲ형 : 혈액 속에 들어 있는 보체가 관계한다.
- Ⅳ형 : T세포가 활성화되어 염증을 일으킨다.

이와 같이 알레르기에는 여러 가지 유형이 있으며, 모두 항체나 T 세포 등의 면역체계와 관계가 있다. 하지만 알레르기에는 유전, 환경, 스트레스 등 갖가지 요인이 복잡하게 얽혀 있기 때문에 근본적인 치료법은 좀처럼 발견되지 않고 있다.

아직까지 근본적인 치료법은 밝혀지지 않았지만 알레르기를 극복한 사람들은 매우 많아. 1차적으로는 피부에 자극을 주는 요인이 되는 집먼지진드기, 꽃가루, 애완동물 등의 외적 인자를 피해야 돼. 그러려면 청결과 소독이 기본이지. 2차적으로는 피부의 면역력을 높여 주기 위해 인스턴트 음식이나 기름진 음식 등을 피하고 해조류와 녹황색 채소, 잡곡밥 등으로 독성화되고 산성화된 혈액을 맑게 해 줄 필요가 있어. 알레르기는 자신이 노력한 만큼 개선될 수 있어. 웃는 것이 알레르기 치료에 효과가 있다는 방송 프로그램도 있었는데, 그만큼 몸과 마음, 외부의 긍정적인 자극이 알레르기 치료의 특효약이야.

알레르기는 불치병인가요?

05

약은 어떻게 작용하는가?

병의 원인이 되는 단백질

현재 이용하고 있는 약의 대부분은 병의 원인이 되는 단백질과 결합하여 작용한다. 예를 들면 우울증은 뇌 속의 세로토닌 작동성 신경 사이에 세로토닌이라는 신경전달물질이 적어지면 발병한다. 세로토닌이 적어지면 신경이 잘 흥분되지 않고 신경끼리 연락도 제대로 닿지 않게 된다. 세로토닌이 적어지는 원인은 이들 신경이 세로토닌을 방출하더라도 곧바로 세로토닌을 세포 내로 거둬들이기 때문이다.

그러니까 '병'은 단백질의 이상이나 손상에 의해 일어나는 건가요?
그것뿐만이라고는 할 수 없지만, 현재 제약업계에서는 인간게놈 정보를 토대로 단백질의 이상이 병과 깊이 관련된다는 생각에 기초해서 신약을 개발하고 개발하고 있지.

● 우울증의 신약 SSRI의 구조

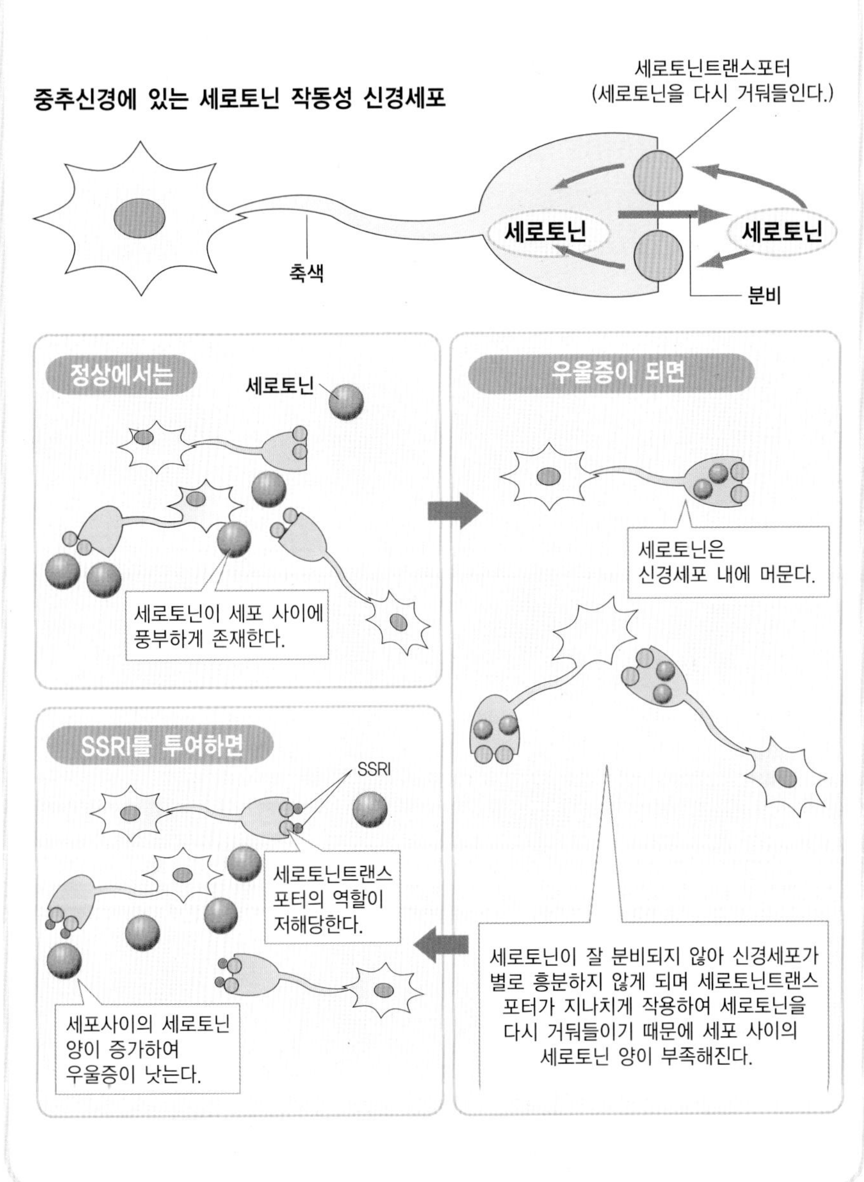

중추신경에 있는 세로토닌 작동성 신경세포

세로토닌트랜스포터
(세로토닌을 다시 거둬들인다.)

세로토닌

세로토닌

축색

분비

정상에서는

세로토닌

세로토닌이 세포 사이에
풍부하게 존재한다.

우울증이 되면

세로토닌은
신경세포 내에 머문다.

세로토닌이 잘 분비되지 않아 신경세포가
별로 흥분하지 않게 되며 세로토닌트랜스
포터가 지나치게 작용하여 세로토닌을
다시 거둬들이기 때문에 세포 사이의
세로토닌 양이 부족해진다.

SSRI를 투여하면

SSRI

세로토닌트랜스
포터의 역할이
저해당한다.

세포사이의 세로토닌
양이 증가하여
우울증이 낫는다.

세로토닌을 다시 거둬들이는 일에는 신경세포막에 있는 세로토닌 트랜스포터라는 단백질이 관여하고 있다. 그래서 이 단백질에 결합하여 일단 세포 밖으로 분비된 세로토닌을 다시 거두어들이는 것을 방해하는 SSRI(선택적 세로토닌을 다시 거두어들이는 일을 저해하는 약)라는 약이 개발되었다. 이 SSRI를 우울증 환자에게 계속 투여하면 신경 사이에 세로토닌이 증가하기 때문에 우울증이 낫는다.

최근 인간게놈의 해석으로 인해, 병과 관련된 단백질을 총망라해 조사할 수 있게 되었다. 이와 같이 게놈 정보를 토대로 신약을 개발하는 것을 '게놈창약創藥' 이라고 한다.

게놈창약을 하기 위해서는 우선 병에 관련된 유전자를 알아내 그 유전자의 산물인 단백질의 입체구조를 조사한다. 그리고 그 단백질에 결합하여 기능을 조절할 수 있는 유기화합물을 컴퓨터를 이용해 디자인한다. 이렇게 해서 만들어진 약 중에서 대표적인 것이 1994년에 발표된 에이즈의 프로테아제(단백질 분해효소) 저해약이다.

게놈창약은 신약개발의 방향을 크게 바꾸고 있다. 지금까지 의약품 개발에서는 1만 종의 화합물을 합성해도 제품화할 수 있는 게 하나도 없는 경우도 허다하였다. 하지만 게놈 정보를 활용한 신약은 개발 효율이 대폭 향상될 것으로 기대되고 있다. 미국에서는 5년 후에는 1년에 지금의 5배 이상의 신약이 등장할 것으로 전망하고 있을 정도다.

06

'감기는 약으로 낫지 않는다' 는 상식을 뒤엎었다

독감 특효약 개발

감기에 걸리면 열이 나고, 재채기나 기침이 멈추지 않으며, 콧물이 나오거나 코가 막히는 등 불쾌감을 느끼게 된다. 매년 겨울에서 초봄까지 많은 사람들이 감기 때문에 고생을 한다.

감기에는 일반 감기와 독감이 있는데, 둘 다 세균보다도 훨씬 작은 바이러스가 원인이다. 독감바이러스의 경우, 길이가 약 100나노미터(1만분의 1밀리미터)밖에 안 된다. 일반 감기의 원인이 되는 바이러스는 라이노바이러스와 코로나바이러스, 두 그룹이 있으며 약 200가지의 종류가 알려져 있다. 이 바이러스들은 비교적 점잖기 때문에 감기가 중증까지 가는 것은 드물다. 한편 독감은 독감바이러스에 의해 발생하며 40도 정도의 고열과 심한 두통이 특징인데 증상도 일반 감기보다 훨씬 심각하다.

독감바이러스와의 싸움

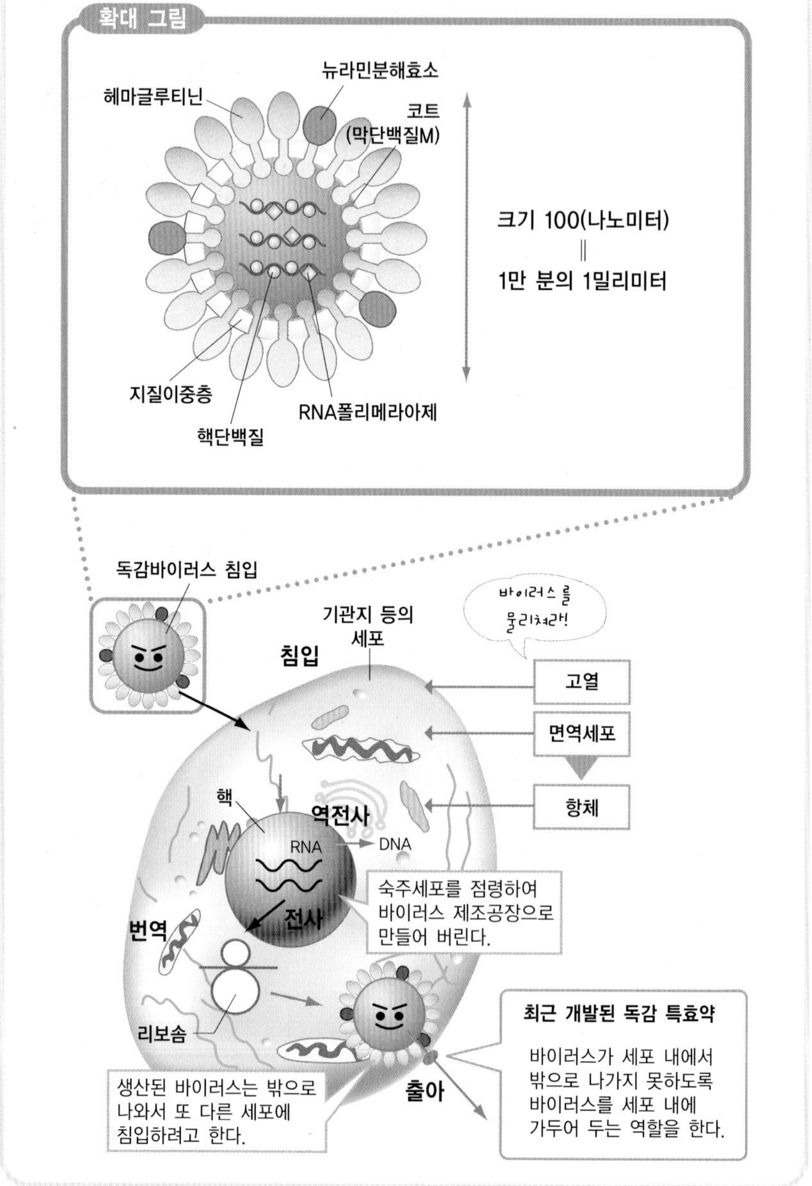

확대 그림
헤마글루티닌
뉴라민분해효소
코트
(막단백질M)
크기 100(나노미터)
‖
1만 분의 1밀리미터
지질이중층
RNA폴리메라아제
핵단백질
독감바이러스 침입
기관지 등의
세포
침입
바이러스를
물리쳐라!
고열
면역세포
항체
핵
역전사
RNA
DNA
숙주세포를 점령하여
바이러스 제조공장으로
만들어 버린다.
번역
전사
리보솜
생산된 바이러스는 밖으로
나와서 또 다른 세포에
침입하려고 한다.
출아
최근 개발된 독감 특효약
바이러스가 세포 내에서
밖으로 나가지 못하도록
바이러스를 세포 내에
가두어 두는 역할을 한다.

독감바이러스에는 A형, B형 및 C형의 세 그룹이 있다. 그중 A형 바이러스의 유전자는 잘 변형되기 때문에 일단 독감에 걸려 몸에 면역이 생기더라도, 그 다음에 들어오는 것은 바이러스의 유전자가 변형된 경우가 많아 면역이 잘 듣지를 않는다. 그렇기 때문에 독감이 크게 유행해 많은 사망자가 발생한 경우도 있었다.

독감바이러스는 기관지 등의 세포에 침입하면 그 세포의 단백질을 만드는 조직을 빼앗아서 그 수가 급격하게 증식한다. 증식바이러스는 세포에서 나와 또 다른 세포로 침입한다. 이 과정을 되풀이하여 1개의 바이러스는 24시간 만에 백만 개까지 증가해 버린다.

하지만 이 때 인체의 방어시스템도 가만히 있지만은 않는다. 열을 내서 바이러스의 증식을 억제하려고 한다. 또 킬러T세포는 바이러스에 감염된 세포를 공격한다. 그리고 B세포가 바이러스에 대한 항체를 만들어 직접 공격하게 되면 체내의 바이러스가 점점 감소하여 증상이 호전된다.

얼마 전까지만 해도 일단 독감에 감염되면 특별한 치료약이 없다고 여겼다. 그런데 2001년 2월에 감염된 독감바이러스에 직접 작용하여 바이러스의 증식을 억제하는 2종류의 약이 사용 허락을 받았다. 내복약인 타미플캅셀75(성분명 : 인산오셀타미빌)와 흡입약인 리렌자(성분명 : 자나미빌)라는 약이다. 둘 다 바이러스가 감염된 세포 내에서 밖으로 나가지 않도록 가두어 놓는 작용을 한다.

07

유전자 치료는 지금까지의 의학을 바꿀 수 있을까?

망가진 유전자의 역할 보충

인간게놈의 해석이 진행됨에 따라 지금까지 상상할 수 없었던 새로운 질병 진단법과 치료법이 개발되고 있다.

그중에서 유전자 치료는 재생의료, 게놈창약과 함께 21세기 꿈의 첨단의료라고 불린다. 종래의 질병 치료법은 약을 사용한 약물 요법이나 수술 등에 의존하는 과학적 요법 등이 대표적이었다. 그런데 이제 병에 대한 유전자의 관여를 분자단계로 이해할 수 있게 되고, 바이오테크놀로지가 진보함에 따라 유전자를 이용한 치료법을 고안하기에 이르렀다.

선천성 유전병의 경우, 유전자 진단에 의해 원인 유전자를 찾아내 그 유전자를 정상상태로 되돌리려는 아이디어가 생겨났다. 이와 같이 원인 유전자를 직접 치료의 대상으로 하는 것을 '유전자 요법' 이라고 하는데, 아직 기술적으로 불가능한 경우도 많다. 그래서 아직까지는 원인 유전자뿐만 아니라 다른 유전자도 포함하여 어떤 유전자를 인체 내에 집어넣어 행하는 치료법을 개발하고 있다. 이것을 '유전자 치료' 라고 부르고 있다.

1990년에 미국에서 본격적으로 유전자 치료가 시작된 이래 많은 나라에서 여러 가지 병에 대한 유전자 치료가 행해져 왔다. 지금까지 약 400여 가지 치료법이 행해졌고, 유전자 치료를 받은 환자 사례가 수천 명이 넘는다.

● 유전자 치료란 무엇인가

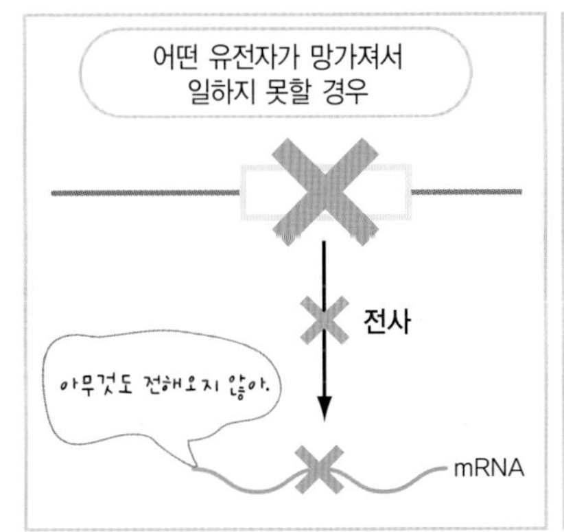
어떤 유전자가 망가져서
일하지 못할 경우
전사
아무것도 전해오지 않아.
mRNA

어떤 유전자가 망가져서
이상단백질이 생길 경우
전사
mRNA
면역
이상한 정보가 와서
엉망이 됐어.
이상단백질

유전자 치료에서는 이러한 경우에 정상 유전자를 도입하거나
이상 유전자의 역할을 제어하기 위해서 다른 유전자를 도입한다.

그런데 의외로 유전자 치료의 약 70퍼센트가 암에 대한 것이었고 선천성 유전병에 대한 치료 예는 훨씬 적다. 현재의 기술로는 유전병의 원인 유전자만을 제거하고, 정상 유전자를 그 위치에 갖다놓을 수가 없기 때문이다. 단, 아데노신데아미나제(ADA) 결손증 치료에서는 원인 유전자를 제거할 필요가 없으며 도입한 유전자가 작용하면 치료효과를 얻을 수 있기 때문에, 유전자 치료가 행해지고 있다.

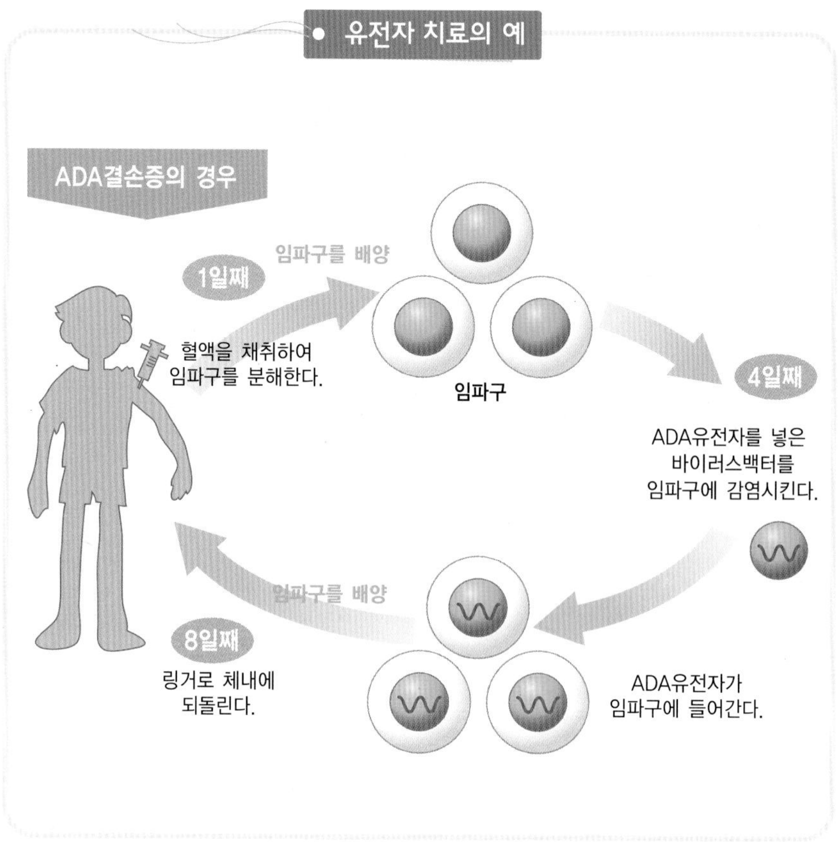
유전자 치료의 예
ADA결손증의 경우
1일째
임파구를 배양
혈액을 채취하여
임파구를 분해한다.
임파구
4일째
ADA유전자를 넣은
바이러스백터를
임파구에 감염시킨다.
ADA유전자가
임파구에 들어간다.
임파구를 배양
8일째
링거로 체내에
되돌린다.

08

기대되는 의료 오더메이드

S N P 해 석

지금까지 당뇨병이나 고혈압증, 심장병 등 생활 습관병은 유전적 요인과 환경적 요인이 복잡하게 얽혀서 발병한다고 여겨졌다. 그런데 최근에 인간게놈의 해석이 진행됨에 따라 이들 생활 습관병의 발병에는 유전적 요인이 생각보다 깊이 관여되어 있다는 것이 밝혀졌다.

생활습관병에는 어떤 것들이 있나요?

생활 습관병은 나쁜 생활 습관으로 생길 수 있는 질병이야. 가령, 어린아이가 손가락 빠는 습관을 계속하면 주걱턱이 될 수 있고, 마른 오징어 등 딱딱하고 질긴 음식을 매일 먹으면 턱 모양이 변화될 수 있어. 그렇다고 평소에 이를 꽉 다물고 있는 습관은 턱을 사각모양으로 바뀌게 할 수도 있어. 엎드려 자는 습관은 척추의 변형을 가져올 수 있으며, 쪼그려 앉거나 구부정한 자세는 관절염을 일으키기 쉽고 요통이 발생할 수 있어. 다리를 꼬고 앉는 게 습관이 되면 소화불량과 골판 변형이 일어날 수 있어. 음식을 편식하고 육류 위주의 식생활을 하고 운동을 하지 않으면 당뇨병과 고혈압 등의 성인병이 발병할 수도 있고... 어때? 무섭지?

이 발견은 당뇨병 치료의 새로운 방향을 제시하고 있다. 예를 들면 당뇨병과 관련된 유전자가 많이 발견되면 이 유전자를 이용한 당뇨병의 유전자 진단이 가능해진다. 그리고 이상이 발견된 유전자로부터 그 사람이 어떤 유형의 당뇨병에 걸리기 쉬운지까지 알 수 있다.

현재의 의료 수준에서는 당뇨병 발병 후에 치료를 시작하고 있지만 장래에는 당뇨병에 걸리기 쉬운 체질이라는 진단을 받는 시점에서부터 발병하지 않도록 처치하는 예방 의료가 가능해진다.

근래에 생물학계는 유전자의 개인차에 주목하고 있다. 유전자의 개인차를 조사하면 어떤 사람이 어느 질병에 약한지, 그리고 어떤 약이 효과가 높은지 알 수 있기 때문이다. 유전자의 개인차나 인종차를 묶어서 '유전자의 다형多型' 이라고 한다. 그중에서도 SNP는 특히 주목받고 있는 유전자형의 하나로서, 어떤 개인의 염기배열에서 하나

SNP란?
즉, 유전자의 개인차를
말하는군요.
SNP:Single Nucleotide
Polymorphism
단일염기다형
단, SNP는 염기가 1개 변화한 경우만 해당한단다.
유전자가 크게 결여된 경우는 SNP라고 하지 않지.

의 염기가 다른 염기로 교체되어 있는 것을 가리킨다.

인간게놈에는 대략 1,000염기에 1개의 비율로 개인간 또는 인종간 배열 차이가 발견된다. 인간게놈이 30억 염기쌍이기 때문에 SNP는 그 0.1퍼센트에 해당하는 300만 개 정도는 될 것으로 생각된다.

현재 이 SNP해석이 아주 주목받고 있으며 세계 각국의 연구소는 물론 바이오벤처나 제약회사도 SNP해석에 열중하고 있다. 질병과 관련된 SNP를 발견할 수 있다면 그 SNP가 병의 발병에 관련된 메커니즘을 해명하고, 그것을 토대로 새로운 약을 개발할 수 있는 가능성이 있기 때문이다.

• SNP와 질병의 관계를 조사한다

관련해석(Association Study)

질병 관련 유전자

인간게놈의 고밀도 SNP지도

SNP1 SNP2 SNP3 SNP4 SNP5 SNP6 SNP7 SNP8

가족과 관계없는 대규모의 DNA 샘플을 모아서 SNP와 질병의 관계를 조사한다.

개인 \ SNP	SNP1	SNP2	SNP3	병
A씨	A	T	C	있음
B씨	A	T	G	없음
C씨	T	T	G	없음

500명~1000명의 샘플이 필요하다.

SNP1은 질병과 관련 없을 가능성이 높다.

SNP3과 질병이 관련될 가능성이 있다.

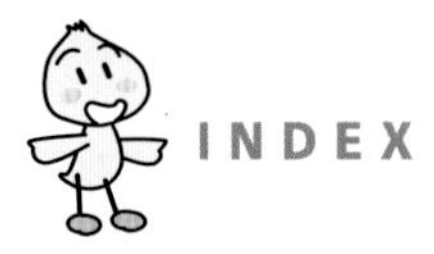

INDEX

세상을 바꾼 과학이야기 생물

지은이 • 오오이시 마사미치
펴낸곳 • (주)삼양미디어　　펴낸이 • 신재석

등　록 • 제 10-2285
주　소 • 121-840 서울시 마포구 서교동 394-67
전　화 • 02)335-3030　　팩　스 • 02)335-2070
홈페이지 • www.samyangM.com
이 메 일 • book@samyangm.com

1판 3쇄 발행 2012년 1월 5일

ISBN • 978-89-5897-081-1

책 값은 뒤표지에 있습니다.
잘못된 책은 구입하신 서점에서 바꾸어 드립니다.

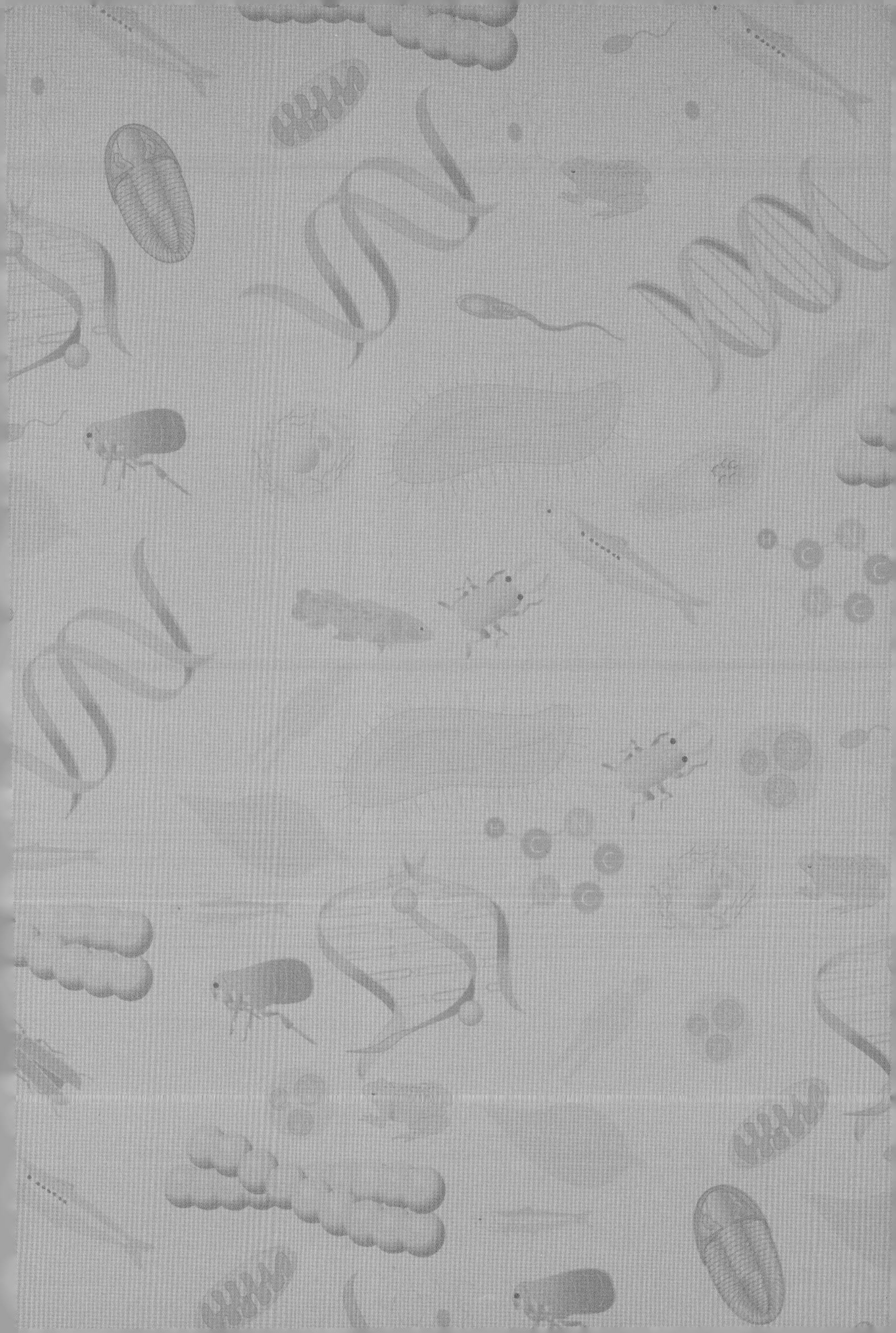

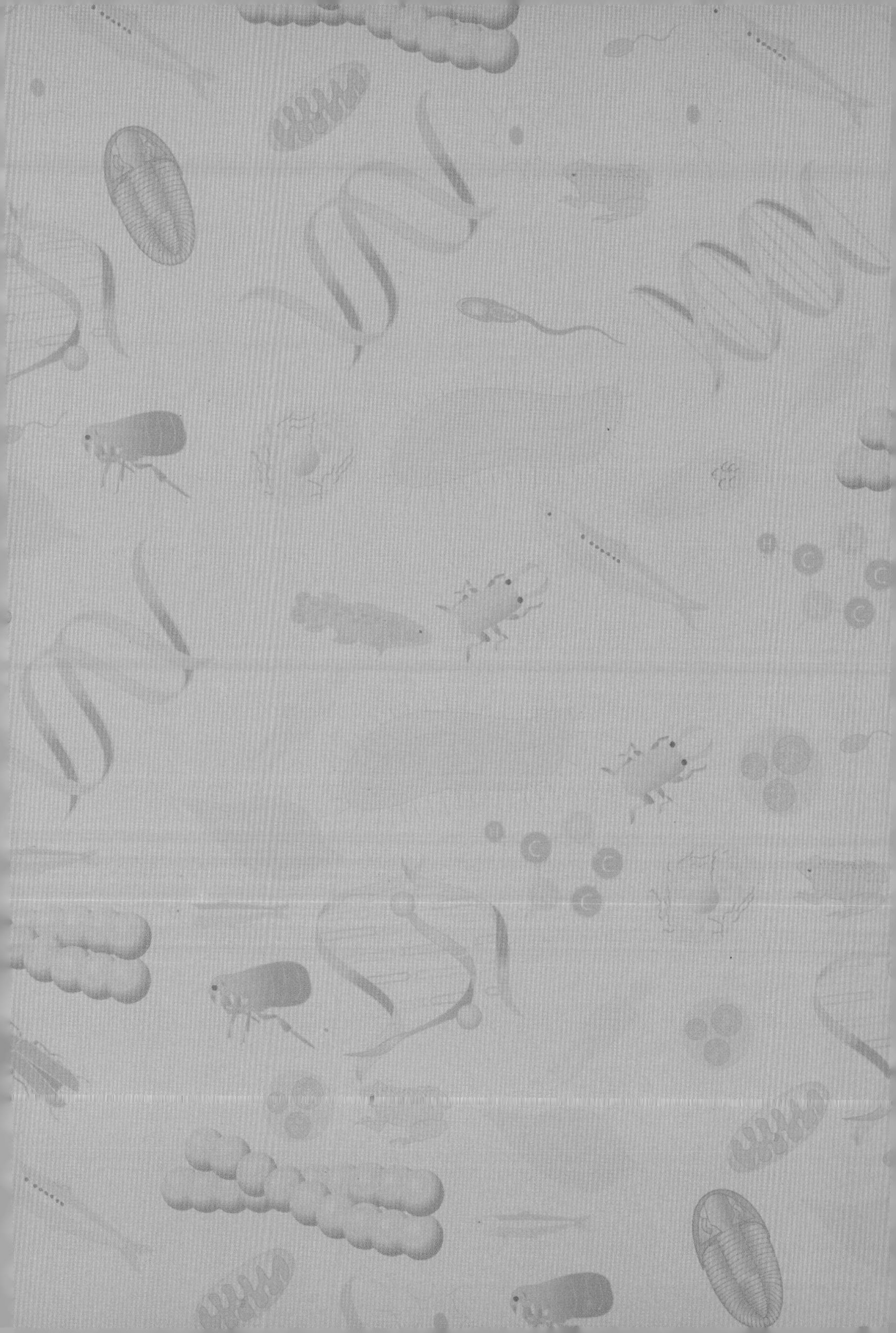

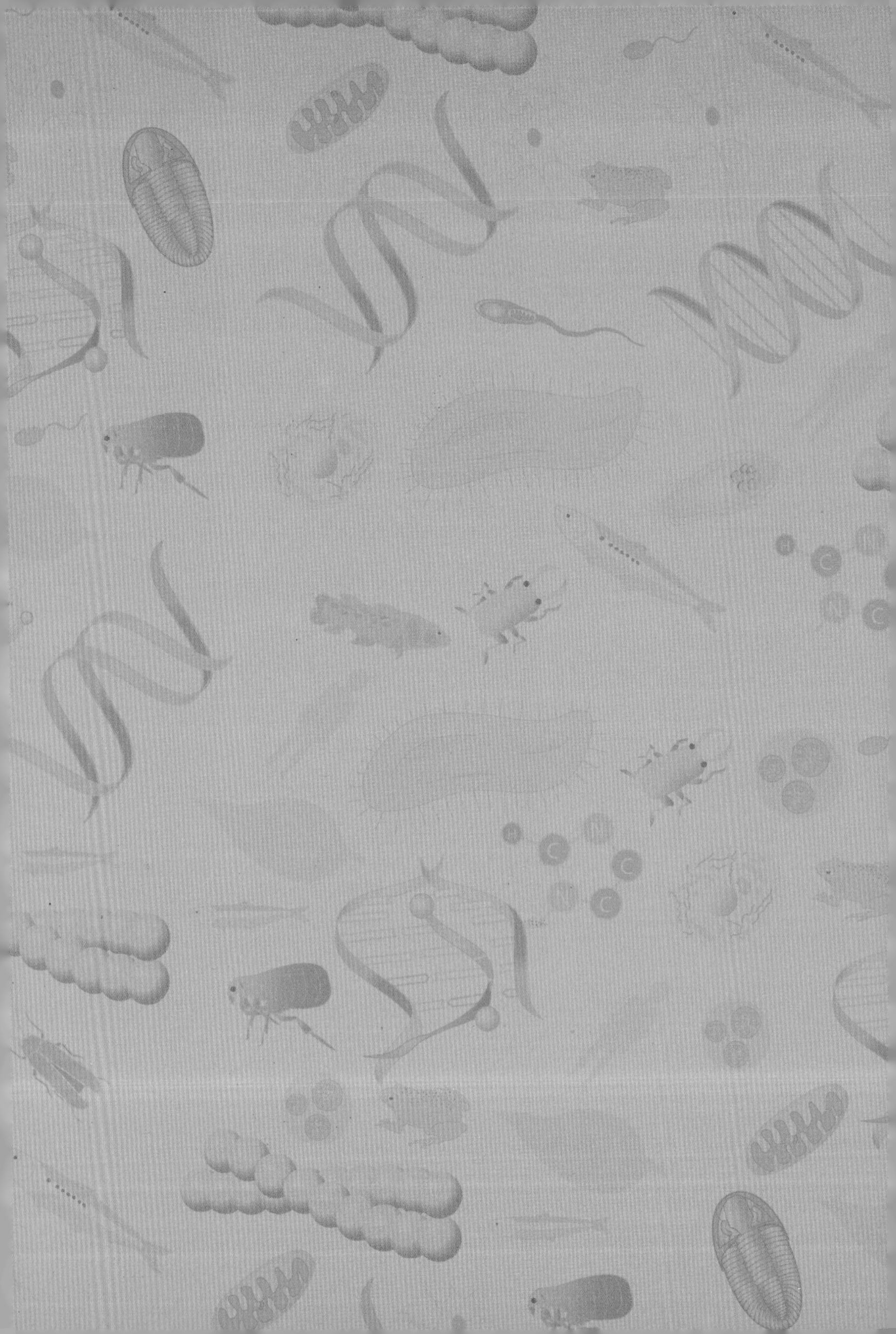